불법과 과학으로 보는

스

AK

『불법과 과학으로 보는 감염증』의 출판을 기념하여

   전대미문의 신형 코로나 바이러스가 전 세계에서 맹위를 떨치고 있는 가운데, 이번에 한국의 에이케이커뮤니케이션즈에서 저의 졸저를 출간한다는 이야기를 들었습니다. 한 사람이라도 더 많이 읽어주면 좋겠다고 바라고 있었기 때문에 무척 기뻤습니다. 이웃 나라이자 문화 대은의 나라, 한국에서 출판되는 것을 무척 감사하게 생각합니다.

   저는 1998년 10월 30일부터 11월 3일까지 제1회 한국문화친선교류단의 일원으로서 참가한 적이 있습니다. 이케다 선생님께서 구축하신 한일 '보배의 다리'를 건너는 민간 교류였습니다. 같은 해 5월 14일부터 18일까지 이케다 선생님께서 한국을 방문하셨을 때 교류단을 파견하겠다고 약속하셨기에, 각지에게 대대적으로 환영해주었습니다. 경주 시장, 진천 군수, 그리고 충청대학교 학장과 이사장 등은 교류회 인사말 연설에서 공통적으로 "초대 회장 마키구치 쓰네사부로 선생님, 제2대 회장 도다 조세이 선생님, 제3대 회장 이케다 다이사쿠 선생님에게 보은과 감사의 뜻을 표합니다"라고 말하였습니다. 이는 어째서인가. 창가교육의 창시자인 마키구치 쓰네사부로 선생님은 일본의 편협한 국가주의와 대결하다가 옥사하셨습니다. 마찬가지로 철창신세를 졌으며, 세계 평화를 이룩하겠다는 마키구치 선생님의 의지를 계승하고, 살아서 감옥 문을 나선 분이 제2대 도다 조세이 선생님이고, 그리고 직계 제자가 3대 이케다 다이사쿠 선생님입니다. 이들 선인이 목숨 걸고 진력해주셨기 때문에 일본에서 파견한 교류단을 이와 같이 맞이할 수 있었던 것입니다. 그렇기 때문에 보은과 감사의 뜻을 표한 것입니다. 인사말에는 그와 같은 취지가 담겨 있었습니다.

또 경주역에서 출발하여 대전역으로 향하는 새마을 58호에 탑승하였을 때에는 역 구내방송으로 창가학회의 학회가 〈오늘도 힘차게〉를 틀어주었습니다. 이는 일본에서는 있을 수 없는 일입니다. 또 역 바깥 광장에 와준 한국 SGI 회원이 학회가를 부르며 배웅해주었고, 플랫폼에 있던 교류단 200명도 학회가로 응답하였습니다. 푸른 하늘 아래에서 예상에 없던 교류 및 환송회가 이루어졌고, 우리는 서로 마음이 통함을 느낄 수 있었습니다. 이윽고 발차 시각이 되자, 역장이 직접 플랫폼으로 나와 환송해주었습니다. 행사일을 포함한 나흘간, 휴식과 수면이 부족함에도 교류단 맞이 준비에 최선을 다해준 스태프 분들에게 다시금 감사하는 마음이 솟구쳐 올랐습니다.

저는 아자부대학교에서 40년째 교원으로 근무 중입니다. 어느 날 제가 담당하던 학생이 해외 국제 시합에 참가하고 싶다며 허가를 받으러 연구실로 찾아왔습니다. 무슨 경기냐고 물으니 태권도 국제 시합이 한국의 충청대학교에서 열린다고 하였습니다. 실은 당시에 교류단을 환영하며 충청대학교에서 태권도 시연을 보여주었습니다. 머리 위에 올려놓은 사과를 발로 차 보란 듯이 격파하던 장면이 떠올랐습니다. 허가를 받으러 온 학생에게 그때의 경험을 이야기해주며, 젊은 사람들 간의 한일 교류가 중요하다고 열변을 토했습니다.

이번 신종 코로나 바이러스의 신규 환자 수와 사망자 수를 2월부터 매일 기록하고 있습니다. 일본은 물론이고 한국의 신규 환자 수와 사망자 수도 기록하고 있습니다. 한국의 감염 상황은 3월에 환자 수가 절정에 달하였다가 그 후로 줄어들고 있습니다. 8월 현재, 일본에서는 여태까지와 다른 기록적인 감염자 수가 나오고 있습니다. 지금이야말로 한국의 감염 대책 사례를 보고 배워야 할 때입니다.

이케다 선생님께서는 한국 제주대학교 전 총장 조문부 선생님과 나눈 이야기를 담은 대담집 『희망의 세기, 보물의 가교希望の世紀宝の架け橋』에서 "교육의 힘으로 영원히 무너지지 않을 한일 우호의 '보물의 다리'를 구축하고 싶다. 이것이 우리의 공통된 바람이다"라고 말씀하셨습니다. 이번 출간이 '신형 코로나 바이러스'를 함께 극복하고, 조금이라도 한일 교류의 '보물의 다리'를 구축하는 데 도움이 되었으면 하는 바람입니다.

아자부대학교 명예교수

스즈키 준

머리말

본서를 집필하고 있는 현재(2020년 3월 말), 신종 코로나 바이러스 감염증이 전대미문의 맹위를 떨치고 있습니다.

불교를 학문하는 자로서 이번 팬데믹(전염병이 세계적으로 크게 유행하는 현상)을 어떻게 이해하여야 할까 하고 2020년 초반부터 고뇌하였고 답을 구하기 위하여 니치렌 대성인(1222~1282년)의 유문遺文인 어서를 펼쳤습니다. 대성인이 살았던 가마쿠라 시대(1185~1333년)에도 역병이 만연하였기 때문입니다.

대성인은 어떻게 처신하였으며, 후대를 위하여 무엇을 남겼을까? 이를 알기 위하여 『입정안국론立正安国論』(니치렌 대성인이 가마쿠라 막부의 실질적인 최고 권력자였던 호조 도키요리[北条時頼]에게 제출한 국주간효[国主諫暁, 국가 최고 권력자에게 옳지 못하거나 잘못된 일을 고치도록 말하는 것을 이름-역주]의 서[書])과 『입정안국론 강의立正安国論講義』(『이케다 다이사쿠 전집[池田大作全集]』 제25권, 제26권)을 배독하였습니다.

여기에는 인류의 역사는 감염증과 함께하였다는 것, 감염증의 배경에는 인심의 혼탁과 황폐가 있으며, 나아가 다름 아닌 잘못된 사상 및 철학이 감염증을 초래한다는 내용이 담겨 있었습니다.

이 감염증을 종식시킬 근본 철학을 잊어서는 안 된다. 감염증을 연구하는 자로서 품고 있던 이와 같은 생각이 2020년 3월 26일과

28일, 두 번에 걸쳐서 『세이쿄신문聖教新聞』에 게재한 기고문을 작성할 때 원동력이 되어주었습니다.

　1948년에 나는 이바라키현 미토시 니시하라의, 어머니가 전쟁을 피하여 가 있던 언니네 부부 집에서 태어났습니다. 태평양 전쟁 때 중국의 저장성으로 징병되었다가 눈앞에서 폭격을 당하여 시력을 잃고 귀국한 아버지와 어머니는 살림을 꾸렸고, 형과 내가 태어났습니다.

　내가 태어나고 얼마 지나지 않아, 종전 후 혼란한 상황이 이어지던 도쿄 신주쿠로 돌아왔는데, 전쟁 중에 몸을 다친 군인의 아내가 된 어머니는 전후의 혼란한 상황 속에서도 집안을 최선을 다하여 지탱하였고 뒷받침하였습니다. 아버지는 침과 뜸, 안마, 마사지 자격증을 가지고 있었지만, 풍족하게 살 만큼의 일감이 없었습니다. 나는 가난한 집안 형편도 있고 하여서 공업고등학교에 진학하였습니다.

　공업고등학교에서는 식품공업을 전공하였습니다. 고등학교에서는 총론으로서 '미생물의 정의'와 '미생물 연구의 역사와 발전' 등에 관한 수업을 받았습니다.

　그리고 이윽고 각론으로서 발효 식품 제조의 기초적인 지식과 제조법을 배우는 실습이 시작되었습니다. 주류 제조 실습 시간에는 효모균을 실제로 다루었는데, 배양지에 심은 효모균은 다음날이 되면 눈에 보일 정도로까지 성장하였습니다. 그 수는 무려 10억 개

이상에 이릅니다.

　그야말로 미생물이 가진 생명력에 압도된 순간이었습니다. 지금까지도 그때 느낀 감동이 뇌리에 깊이 새겨져 있습니다. 장래에는 경이로운 힘을 지닌 미생물 연구에 종사하고 싶다고 혼자서 마음속으로 다짐하였습니다.

　고등학교를 졸업한 후에는 임상 검사약을 개발 및 제조하는 주식회사 야토론(현 엘에스아이 미디언스[LSI Medience])에서 근무하였습니다. 처음에는 임상 검사약 시험실 소속이었는데, 이윽고 고등학교 시절에 미생물을 다룬 경험을 높이 평가받아 병원미생물 검사약을 다루는 부서로 이동하였고, 동시에 재단법인 오가타의학화학연구소(오가타연구소)에도 소속되었습니다.

　오가타연구소에서는 세미나 수업을 받으며 면역학의 기초를 배웠습니다. 오가타연구소의 초대 소장 오가타 도미오緒方富雄 교수님(도쿄대학교 명예교수)은 일본의 혈청학자이자 의학역사 학자로서 유명한 분입니다.

　여담인데, 오가타 선생님은 난학자(에도 시대[1603~1868년] 중기 이후, 네덜란드어 서적으로 서양의 학술과 문화를 배우고 연구한 학자-역주) 오가타 고안緒方洪庵(1810~1863년)의 증손자입니다. 본서를 집필함에 있어서 가마쿠라 시대의 역병 실태를 파악하는 데 귀중한 자료가 된 『메이지 시대 이전의 일본 의학사明治前日本医学史』(일본학술진흥회)를 편찬 감수하기도 하였습니다.

　또 준텐도대학교順天堂大学의 미생물 강좌 조교수였던 후카자와 요시무라深澤義村 교수님(이전에는 야마나시의과대학교 교수로 재직, 이후에는 메이지약과대학교 교수로 재직)의 팀에도 신균 검사약 개발을 위하여 파견되어 연구생으로서 배움을 받았습니다.

도쿄이과대학교 이학부 화학과의 야간부 학생이기도 하여서, 낮에는 준텐도대학교에 갔고, 밤에는 도쿄이과대학교에 갔습니다.

연구 활동을 하게 되었을 무렵, 후카자와 교수님께서 추천해주셔서 제임스 왓슨James Dewey Watson의 『이중 나선The Double Helix』을 읽었습니다.

DNA 구조를 밝히기까지의 과정에 관한 책인데, 연구자로서의 열정, 생각의 변화, 우정, 그리고 반목 등이 리얼하게 담겨 있습니다. 이 책은 연구실에 들어가기에 앞서 읽어야 할 필독서였던 셈입니다.

실험 결과에 대한 지도를 받았을 때는 데이터에 담긴 진실을 읽어내는 후카자와 교수님의 통찰력에 매번 놀라지 않을 수 없었습니다. 연구자로서 살아가는 데 있어서 지금도 귀중한 원점이 돼주고 있는 가르침을 주신 후카자와 교수님 밑에서 의학 박사 학위를 취득할 수 있었던 것을 더없이 기쁘게 생각합니다.

도쿄이과대학교를 졸업할 즈음에 아자부공중위생단기대학(현 아자부대학교) 고바야시 사다오小林貞男 교수님께서 제안해주셔서 1974년 4월부터 미생물화학팀의 조수로 근무하게 되었습니다.

고바야시 교수님은 국립예방위생연구소(현 국립감염증연구소)의 세균 제3실에서 근무한 경력이 있어, 국립예방위생연구소에서 미생물을 다루는 기술 등을 확실하게 배울 수 있었습니다.

하고자 하는 말을 모두 행동으로 보였던 점이 특히 인상 깊게 남아 있습니다. '학생을 위해서'라는 대학 교육의 중요한 원점을 고바야시 교수님의 행동을 통하여 배울 수 있었습니다. 이 두 분이 나의 미생물학의 스승님이십니다.

나는 1953년 12월 6일에 창가학회에 입회하였습니다.

창가학회 고등부(창가학회에 소속된 고등학생) 1기생인 나는 창가학회의 제3대 회장 이케다 다이사쿠池田大作 선생님(현 창가학회인터내셔널 회장)의 "모두 대학교에 진학하라!"는 말씀을 가슴에 품고 수험학원을 2년간 다닌 후 도쿄이과대학교에 합격하였습니다.

대학교 2학년생이던 1969년에 창가학회 시라이토연수도장(현 시라이토회관)에서 이케다 선생님에게 직접 훈도 받을 행운과도 같은 기회도 가지게 되었습니다.

야외 연수에서는 낚시, 보트 타기, 간담회(질문를 주고받는 자리) 등의 갖가지 행사가 개최되었습니다. 간담회가 중간쯤 이르렀을 때 이케다 선생님께서 다음과 같이 격려해주셨습니다.

"모든 사안에는 급소가 있습니다. 핵심이 있습니다. 그대들은 그 핵심을 꿰뚫어 보는 안목(혜안[慧眼], 불안[佛眼])을 키워나가십시오."

그리고 제아무리 정신없이 바쁜 상황에 놓이더라도, 지금 이 순간을 마음에 새기고, 남다른 마음가짐을 품고 남다른 발상을 하는 삶의 자세를 견지하라며, 진심으로 우리의 장래에 기대를 품어주셨습니다. 나는 피가 들끓는 것 같았습니다.

야간부 학생인 데다가 아직 힘도 없는 우리에게 이렇게까지 기대를 해주시다니! 이 순간 "창가학회 학술자로서 전 세계에서 활약하리라!"라는 다짐이 나의 전신을 관통하였습니다.

그 후로 반세기가 흐른 지금, 부모님을 비롯한 많은 창가학회 동료들의 뒷받침을 받으며, 현재는 창가학회 부학술부장으로서 동지들과 함께 여러 가지 활동에 참가하고 있습니다.

왜 불법의 관점에서 감염증을 생각해보아야 하는가에 대하여 잠시 고찰해보겠습니다.

불법은 사람 한 명에서부터 지역, 사회, 세계, 우주에 이르는 일체를 하나의 생명체로 파악하고 체계화하고 있습니다. 그 대상은 정신적인 마음 세계에만 머물지 않고, 물질을 포함하는 모든 존재를 아우릅니다. 이 지혜를 바탕으로 사회 현상을 날카롭게 보는 시점이 현대 사회에는 요구된다고 생각합니다.

불법에서는 분별심과 관련하여 사안을 꿰뚫어 보는 다섯 가지의 눈, 즉, 육안肉眼, 천안天眼, 혜안慧眼, 법안法眼, 그리고 불안佛眼의 오안五眼에 대하여 『인왕경仁王經』 등에서 설하고 있습니다.

즉, 육안은 육체에 달린 눈, 천안은 주야원근에 상관없이 볼 수 있는 천인의 눈, 혜안은 깊은 지식을 얻었을 때 생기는 세상의 온갖 것들을 판단하는 이승二乘(육도 윤회에서 해탈하여 열반에 이르는 것을 목표로 수행하는 성문승과 연각승을 통틀어 이르는 말)의 지혜의 눈, 법안은 중생을 구제하기 위하여 지혜를 발휘한다는 보살의 눈, 마지막으로 불안은 삼세시방의 모든 것을 내다보는 부처의 눈입니다.

이 오안으로 21세기에 일어난 전대미문의 감염증을 바라본다면 어떻게 될까요? 나아가 아인슈타인이 "종교 없는 과학은 불구이고, 과학 없는 종교는 장님이다"라고 말한 것처럼, 불법과 과학 지식을 모두 아우르며 감염증의 근본적인 해결법을 탐색해보고자 합니다. 이것이 본서를 집필하는 뜻이지만, 필자의 역량이 부족한 점은 아무쪼록 넓은 아량으로 이해해주길 바랍니다.

인류는 앞으로도 감염증이 도전해오는 것을 피할 수 없습니다. 과거에 발생한 감염증보다 더 냉혹한 시련이 앞으로 일어날지도 모릅니다. 이를 위해서라도 불법과 과학의 안목과 식견으로 감염증의 본질을 파헤치고, 올바르고 가치 있는 정보에 기반하여 감염증을 극복하기 위한 행동을 함께해나가길 염원합니다.

목차

제 1 장
감염증의 역사와 미생물의 탄생

제 2 장
감염증과 예방법

제 3 장
감염증을 이겨내는 인간의 면역력

제 4 장
기도와 격려가 감염증을 예방

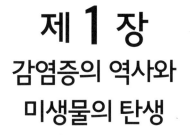

제 1 장
감염증의 역사와
미생물의 탄생

감염증과 싸운 인류의 역사

과거를 뒤돌아보면 감염증은 '인간'과 '사물'의 확대와 함께 퍼져 나갔음을 알 수 있습니다(그림1 참조). 인도에서 기원된 것으로 보는 천연두는 5세기에서 8세기에 실크로드를 따라서 동쪽과 서쪽으로 파급되어 중동, 유럽, 그리고 일본으로 퍼져나갔습니다.

나라 시대의 도읍이던 나라에서는 후지와라우지藤原氏 일족을 비롯하여 천연두로 인하여 다수의 사망자가 속출하였고, 당시 위정자에게도 큰 영향을 끼쳤습니다. 천연두는 고열과 발진을 동반하면서 빠르게 퍼져나가며, 면역 없는 사람이 감염되었을 경우에는 치사율이 30%에나 달합니다.

16세기에는 천연두가 유럽에서 아메리카대륙으로 유입되어 아스테카 왕국(멕시코)과 잉카 제국(페루)이 멸망하였습니다.

시간 순서가 뒤바뀌었는데, 14세기에는 페스트가 몽골 제국에 의하여 중앙아시아에서 유럽으로 전파되었습니다. 심각한 폐렴 증상 외에, 패혈증으로 손발의 괴사가 일어나고, 온몸이 검은 반점투성이가 되어 사망하기 때문에 '흑사병'이라고 부르며 두려워하였습니다. 역사상 치사율이 가장 높았던 이 병은 유럽에서 대유행하여 추계 7,500만 명이 사망하였습니다.

또 19세기부터 20세기에 걸쳐서 인도에서 발생한 콜레라가 영국 동인도회사의 왕성한 교역 활동으로 중동, 아프리카, 일본을 비롯한 아시아의 여러 국가로 전파되었습니다.

왜 발생하였는가에 대한 다양한 생물학적인 견해가 있지만, 감염

5~8세기	천연두 : 인도에서 실크로드를 거쳐서 중동, 유럽, 일본으로 전파
	나라의 수도가 피폐화

13세기	천연두, 홍역, 이질, 밋카야미
	호조 도키스케(北条時輔)의 난, 원나라의 일본 원정

14세기	페스트(흑사병) : 중앙아시아에서 유럽으로 전파
	몽골 제국의 확대, 백년 전쟁

19~20세기	콜레라 : 인도에서 중동, 아프리카, 아시아 여러 국가, 일본으로 전파 스페인독감 : 미국에서 유럽, 일본으로 전파
	제1차, 제2차 세계대전

21세기	SARS : 중국 광둥성에서 전 세계로 MERS : 아라비아반도에서 전 세계로 신종 코로나 바이러스 : 중국에서 전 세계로
	환경 파괴, 지구 온난화, 자국제일주의의 대두

그림1 인류의 다툼과 감염증의 확대

증이 발생하는 배경에는 '전쟁'과 '인심의 황폐'가 있음을 부정할 수 없습니다.

즉, 페스트가 맹위를 떨친 14세기 무렵에는 영국과 프랑스가 백년 전쟁 중이었습니다.

전 세계에서 6억 명이 감염되고 2,000만 명 이상의 사망자(일본에서도 38만 명 이상이 사망)가 난 스페인독감(인플루엔자)은 제1차 세계대전 중이던 1918년에 발생하였습니다.

21세기 현재에 들어선 이후에는, 세계화와 환경 파괴에 의한 지구 온난화, 자국제일주의 대두 등이 관찰되고 있는 가운데, 2002년에는 사스SARS(중증 급성 호흡기 증후군), 2012년에는 메르스MERS(중동 호흡기 증후군), 그리고 이번에는 신종 코로나 바이러스 팬데믹이 일어났습니다.

지혜를 짜내 늠름하게 감염증과 맞서 싸운 인류

그래도 지금까지 인류는 지혜를 짜내 늠름하게 감염증과 맞서 싸웠고 극복해왔습니다.

그 최고의 금자탑은 백신으로 천연두를 박멸한 일입니다. 천연두는 무척 무서운 병으로, 처음에는 감기와 비슷한 증상을 보이지만, 이윽고 피부 표면에 수많은 수포가 생기고 그 수포들이 합쳐져 고름이 됩니다. 몸의 표면뿐 아니라 체내도 동일한 데미지를 받아서 30%의 환자가 사망합니다. 완치된 경우에도 얼굴과 몸에 많은

'곰보 자국(피부에 남은 자그마한 움푹 팬 자국)'이 남습니다. 유럽에서는 17세기부터 18세기 무렵까지 연간 40만 명이 사망하였다고 전해집니다.

맹위를 떨쳤던 천연두도 인류의 노력으로 극복되었고, 1979년에 WHO(세계 보건 기구)는 '천연두 박멸 선언'을 발표하였습니다. 천연두의 병원체인 폭스 바이러스가 사람에게 감염될 일은 이제 없습니다. 오로지 연구소 몇 곳에서만 실험 샘플로서 냉동 보관 중입니다.

그 원동력이 된 것이 영국 의사 에드워드 제너Edward Jenner(1749~1823년)가 개발한 '종두'입니다. 요즘 흔히 말하는 '백신'의 선구적인 존재입니다. 오늘날 제너의 이름을 아는 사람은 많겠지만, 말할 것도 없이 천연두가 박멸된 것은 그 밖에도 수많은 사람의 노력이 있었던 덕분입니다.

일본에는 쇄국 정책을 펼치던 에도 시대 말기에 들어왔습니다. 그리고 보급에 힘쓴 난학의(에도 시대에 네덜란드에서 전해진 의술을 익힌 사람-역주) 중의 한 사람이 오가타 고안입니다. 고안의 노력으로 설립된 종두소가 현재 오사카대학교 의학부의 전신이고, 이토 겐보쿠伊東玄朴(1801~1871년, 에도 시대부터 메이지 시대까지 활약한 난학의 중의 한 명-역주)가 설립한 것이 도쿄대학교 의학부입니다. 과학적으로 무지하였던 당시 일반 백성은 이 새로운 치료법에 큰 저항감을 느꼈기 때문에, 종두를 보급하기 위하여 고안 등은 사비를 투자하는 등, 노력을 아끼지 않았습니다.

제너 이전에도 긴 역사가 있습니다. 2020년 4월 15일자 『세이쿄신문聖教新聞』에 실린 도카이대학교 의학부의 사토 다케히토佐藤健人 준교수가 쓴 수기에 인상적인 에피소드가 실려 있었습니다.

〈제너가 등장하기 70년도 전에 메리 워틀리 몬터규Mary Wortley Montagu라는 한 명의 여성이 백신의 원형을 만들기 위하여 시도하였고, 이를 영국에 보급한 사실을 아는 사람은 별로 없다.

그녀는 남동생을 천연두로 잃었고, 본인도 병에 걸려 용모에 상흔이 남았다. 그때까지 중국과 인도 등의 동방 세계에서는 천연두에 한 번 걸리면 재발하지 않는다는 것을 경험적으로 알아, 환자의 환부 딱지나 고름을 의도적으로 접종하여 '면역 획득'을 꾀하는 일이 적극적으로 이루어지고 있었다. 이를 안 그녀는 주위의 반대를 무릅쓰고, 사랑하는 아들에게 이를 시험하였다. 그리고 효과가 있다는 확신이 들자, 왕실 등에 알렸고 보급에 힘썼다.

이윽고 영국 사회에 이 방법이 침투되었지만, 여전히 여론은 찬성과 반대로 양분되었다. 효과적인 예방법임에도 불구하고 '생명을 빼앗는 것', '신의 뜻에 반하는 것'이라는 악평이 자자했다. 하지만 그녀는 그러한 세간의 평가에 굴하지 않았다. 의사들 앞에서 자기 아이들에게 접종하여 효과가 확실함을 재차 증명해 보였다. 이러한 노력이 있었기 때문에 보다 안정성 높은 제너의 우두 접종이 나올 수 있었던 것이다.

그녀는 의료 전문가는 아니었지만, 주체적으로 감염증과 맞서 싸웠다. 그녀처럼 우리도 한 사람 한 사람이 지금 할 수 있는 것이 무엇인지를 진지하게 생각하고, 이번 감염증과 맞서 싸워야 한다.〉

(2020년 4월 15일자 『세이쿄신문』, 「위기의 시대를 살다危機の時代を生きる」에서)

20세기에 들어선 후, 인류 최대의 감염증이라 불린 스페인독감의 유행을 겪고 우리는 여러 가지 교훈을 얻었습니다. 이 감염증이 처음 유행하기 시작한 것은 1918년 4월부터 6월까지 즈음입니다.

미국에서는 그렇게까지 피해가 크지 않았던 탓인지, 모두들 "스페인독감은 별 대단한 질병이 아니다", "고령자나 걸리는 병이다"라며 만만하게 보았습니다.

정부도 대책을 강구하지 않았습니다. 그런데 10월 들어 감염자와 사망자가 급증하였습니다. 2000만 명 이상이 감염되었고, 약 85만 명의 사망자가 나왔습니다.

하물며 그사이에 바이러스가 변형을 일으켰는지 젊은 세대가 목숨을 잃기 시작하였습니다. 정부가 이러한 이상 증상을 깨달았을 때는 이미 소 잃고 외양간 고치는 격이었습니다. 그 이후 대책을 내놓았지만, 전혀 효과가 없었습니다.

한편, 스페인독감의 사나운 기세를 피한 마을도 있었습니다. 그 마을의 어느 교사가 "우리 마을에서는 단 한 명의 감염자도 발생시키지 않겠다"고 마음먹고, 자신이 가진 모든 지식을 총동원하여 확산을 막을 방법을 모든 주민에게 교육하였고, 마을에 독자적인 검역 체제도 마련하였습니다.

그 결과, 마을에서 약 30킬로미터 떨어진 물가를 경계선으로 인플루엔자의 침입을 저지하는 데 성공한 역사적인 교훈담도 있습니다.

『입정안국론』은 평화의 철학서

이번에는 니치렌 대성인이 감염증에 어떻게 대처하였는지를 살펴보겠습니다. 대성인이 집필한 『입정안국론』은 다음과 같은 문장으로 시작됩니다.

> 〈여객이 와서 한탄하며 말하길, 근년 들어 근일에 이르기까지 천변, 지요地天(지상의 요사한 이변-역주), 기아, 역려疫癘가 두루 천하에 가득하고 널리 지상에 만연하다. 소와 말이 도로에 죽어 있고, 그 사체와 뼈가 길가에 그득하다. 이미 사람들 태반이 멸족되어, 슬퍼하지 않는 자가 하나도 없다.〉
>
> (어서 17페이지)

역려란 역병을 말하며, 당시에는 포창(천연두), 홍역, 이질 및 기침병(밋카야미[三日病]) 등이 만연하였습니다. 자세한 내용은 『메이지 시대 이전의 일본 의학사』에 기록되어 있습니다[8].

표1 가마쿠라 시대의 감염증

병명	병원체	감염 경로	잠복 기간	특징
이질	이질균	경구	1~5일	·대장 감염증 ·설사, 혈변, 혈뇨 ·베로독소 생산
포창	천연두 바이러스	비말	12~16일	·현재는 자연계에 존재하지 않음 ·고열, 발진
홍역	홍역 바이러스	비말	10~12일	·발열, 기침, 발진 ·백신 있음
기침병1	바이러스 (밋카야미)	비말	1~2일	·상기도 감염 증상과 발열(3~4일) ·기침
기침병2	연쇄구균, 포도 구균	비말	3시간~3일	·성홍열 ·산욕열 ·식중독 ·기침

천연두는 실크로드를 거쳐 불교와 함께 일본에 전래되었습니다. 홍역은 비말로 감염되며, 천연두와 함께 많은 사망자를 냈습니다. 홍역은 천연두보다 사망률이 높았기 때문에 "천연두는 외모를 결정하고, 홍역은 목숨을 결정한다"며 두려워하였습니다.

천연두에 걸리면 곰보 자국이 남기 때문에 용모가 못나지고, 홍역에 걸리면 죽을 위기에 처하게 된다는 뜻입니다.

설사병이라고도 부르는 이질은 설사와 혈변을 동반하는 대장 감염증입니다. 이질균은 독소와 베로 독소를 생산하여 설사를 일으킵니다. 이것이 혈변이 나오는 원인입니다.

여담인데, 동일한 독소를 대장균 O-157도 가지고 있습니다. 대장균 O-157은 단순한 대장균이 아니라 이질균과 같은 병원성을 가지고 있기 때문에 주의할 필요가 있습니다.

믿카야미三日病('사흘병'이라는 뜻-역주)라고도 부르는 기침병은 상기도 감염으로 많은 사람을 고통에 빠트렸습니다. 기침병에 관해서는 일본 의학 역사 전문가 나카무라 아키라中村昭가 사흘간 열이 내려가지 않는 증상이 나타났던 것으로 미루어 오늘날의 인플루엔자일 가능성이 있다고 그의 논문「중세 시대의 유행병『믿카야미』에 관한 검토中世の流行病『三日病』についての検討」에서 지적하였습니다[7].

이들 병원체가 널리 만연하여 감염증이 강한 소와 말까지 쓰러졌고, 죽음에 이른 자가 태반이 넘었습니다. 즉 50% 이상의 사람이 죽었을 만큼 역병이 크게 유행한 것입니다. 대성인이『입정안국론』을 집필하였을 당시에 유행한 감염증의 특징을 **표1**로 정리하였습니다.

대성인이 이러한 역병 위기에 그 근본 원인을 밝히고, 당시 막부의 실질적인 최고권력자이던 호조 도키요리에게 제출한 것이 국주간효의 서라 일컬어지는『입정안국론』입니다.

『입정안국론』에서는 사람들을 죽음으로 내모는 염세 사상을 저지할 목적으로 염불宗念仏宗(일본 불교의 한 종파. 염불을 통하여 극락정토에 왕생하는 것을 추구-역주) 일흉一凶을 처단하는 데 그치지 않고, 만인을 구제할 수 있는 근본법을 제시하고, 〈그대는 자신의 평안과 태평을 바란다면, 먼저 세상의 평온을 기도하여야 하지 않겠는가〉(어서 31페이지)라고 결론지었습니다.

감염증이 만연하는 조건을 **그림2**로 정리하였습니다. 환경 파괴,

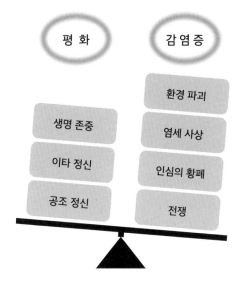

그림2 감염증이 만연하는 조건

염세 사상, 인심의 황폐, 그리고 다툼(전쟁)이 증대될 때 감염증이
발생합니다.

대성인이 『입정안국론』의 결론부에서 언급한 '사표四表의 정밀靜
謐'이란 오늘날로 말하자면 세계 평화입니다. 스페인독감을 예방한
마을처럼 전 지구적인 규모로, 생명 존중을 무엇보다 중시하는 삶
의 자세, '이타'와 '공조'의 마음이 고동치는 사회를 만드는 것이 감
염증을 저지할 열쇠임을 니치렌 대성인께서 후세에 알린 것입니
다. 그러므로 『입정안국론』은 평화의 철학서라고 생각합니다.

지구의 원주민, 미생물의 탄생

기본적으로 생명의 탄생과 세포의 진화 역사를 알면, 바이러스와 세균이 인류보다 지구에서 먼저 살기 시작한 원주민이라는 것을 이해하게 됩니다.

지금부터 약 46억 년 전, 지구가 탄생하였을 무렵에는 대기 중에 산소는 없고 탄산 가스와 질소와 수증기로 가득 차 있었습니다. 그러다가 번개와 태양 자외선 등에 의하여 먼저 암모니아NH_3와 메탄 CH_4과 같은 간단한 유기물이 만들어져 대기를 구성하였습니다.

여기에서 생명의 기본이 되는 글리신, 알라닌, 글루탐산 등의 아미노산(생명의 근원이 되는 영양 성분)이 생겨났는데, 이를 증명하는 실험을 미국 연구자가 하였습니다.

그림3의 장치를 이용하여 암모니아, 메탄, 수소H_2, 물H_2O이 있는 조건에서 방전을 시켰습니다. 여러 가지로 조건을 바꿔가며 실시하면 글리신, 알라닌, 글루탐산 등의 아미노산이 존재함을 확인할 수 있습니다.

플라스크에 다른 혼합물을 넣고 반응 조건을 바꾸면 단백질에 포함된 20종의 아미노산을 얻을 수 있습니다. 또 당과 핵산(리보핵산[RNA]과 데옥시리보핵산[DNA]의 총칭)의 합성에 필요한 푸린과 피리미딘과 같은 염기가 되는 유도체 등도 생성됩니다.

대기 중에서 생성된 유기물은 바닷속으로 들어가 축적되었습니다. 현재 지구에도 여러 지형이 있고 지역마다 기상 조건이 다양한 것처럼, 태고적 지구에도 아미노산 등의 유기물과 당 등의 핵산 합

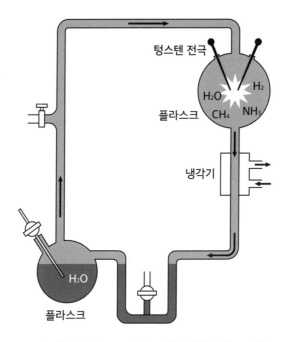

텅스텐 전극

플라스크

H_2O H_2

CH_4 NH_3

냉각기

H_2O

플라스크

그림3 불꽃 방전으로 아미노산을 만들어내는 장치

성 소재가 고농도로 축적된 곳이 있었을 것입니다.

 이러한 곳에서 유기물이나 핵산 합성 소재가 우연히 자외선과 고열(화산) 등의 영향을 받아 화학 반응을 반복적으로 일으켰고, 질소, 탄소, 수소 등의 원소가 모인 다량체를 만들어냈습니다. 이윽고 아미노산에서 펩타이드(단백질과 아미노산의 일종)가 만들어졌고, 푸린과 피리미딘에서 핵산이 합성되었습니다.

 핵산의 일종인 RNA는 아데닌, 우라실, 구아닌, 사이토신의 네 가지 뉴클레오타이드(유전자를 구성하는 최소 단위로, 염기, 당, 인산이 결합한 것. 그림4 참조)로 이루어지며, 단백질을 합성하기 위한 정보를 가진

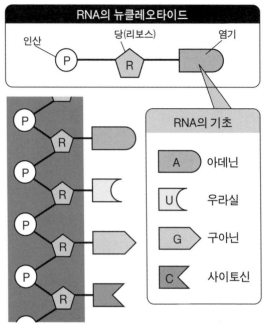

그림4 RNA의 기본 구조

기호로 되어 있습니다.

또 최근에 RNA는 RNA를 합성하는 촉매 작용 기능도 함께 가지고 있는 사례도 있는 것으로 밝혀졌습니다. 즉, RNA는 자신과 동일한 단백질을 만드는 설계도일 뿐 아니라 뉴클레오타이드를 적당한 길이로 합성하는 능력도 가지고 있는 셈입니다.

아마도 태고에 지구상의 어딘가에서 이와 같은 복제(동일한 것을 카피하는) 능력을 가진 RNA가 우연히 합성되었을 것입니다.

다른 한편으로는 아미노산 여러 개가 연결된 펩타이드, 나아가 이것이 연장되어 수십에서 수백 개의 아미노산이 연결된 단백질도 우연히 만들어지고, 그중 어떤 단백질은 특정한 효소 활성(효소가 가진 촉매 능력의 척도)이 있어 RNA와 협력하여 다양한 대사 기능을 가지게 되었을 것으로 추정됩니다.

그리고 우연히 부드러운 인지질(세포막을 형성하는 주성분)로 이루어진 막에 이것들이 감싸여 막을 가진 원시 생명이 탄생한 것이 RNA 바이러스의 시작입니다.

바이러스는 RNA 바이러스에서 시작되었지만, RNA는 알칼리와 고온에 약하여 분해되기 쉽고, 하물며 RNA는 변이되기 쉬우며, 원상태로 되돌릴 수 없습니다. 이에 DNA 바이러스가 가세한 것입니다(표2 참조).

바이러스는 RNA와 DNA 중 어느 하나를 가졌지만, 바이러스 이외의 모든 생물은 기본적으로 유전 물질 DNA를 가지고 있습니다.

이와 같은 진화 과정을 거친 것이 바이러스이고, 그리고 에너지를 얻는 방법을 획득한 것이 세균이며, 이는 약 38억 년 전에 일어난 일입니다.

지구상에 존재하는 모든 생물은 기본적으로 여러 가지 점에서 흡사하므로 이로써 미루어 보았을 때 바이러스와 세균이 생겨난 것은 지구상의 한 곳에서 일어난 우연의 산물이라고 할 수 있습니다.

예를 들어 유전 정보로서 DNA나 RNA를 가지고, 그 암호에도 공통된 원칙이 있으며, 에너지도 ATP(아데노신3인산)라는 공통 물질을 사용합니다.

표2 각종 유도체, DNA와 RNA의 비교

유도체	염기의 종류
푸린	A(아데닌), G(구아닌)
피리미딘	U(우라실), T(티민), C(사이토신)

핵산	사슬의 개수	당의 종류	염기의 종류
DNA	두 가닥	데옥시리보스	A, T, G, C
RNA	한 가닥	리보스	A, U, G, C

이리하여 탄생한 세포는 점차로 증식 능력이 높은 세포로 진화하는데, 증식하기 위해서는 에너지 획득이나 노폐물 배출과 같은 생존에 필요한 다양한 대사 활동을 하여야 합니다.

먼저 에너지를 획득하기 위해서는 당을 써야 합니다. 초기 생명체는 당시 대기에 산소가 포함되어 있지 않았기 때문에 글루코스 등의 당을 발효시키는 방법으로 혐기적(산소를 사용하지 않는) 분해를 하여 에너지를 얻었습니다. 하지만 이 방법은 에너지 효율이 나빴습니다. 한편, 보다 적극적으로 영양원 또는 에너지원을 '스스로' 만들어낼 수 있는 생물이 탄생하였습니다.

예를 들어 탄산가스와 질소 등의 무기물질을 이용하여 필요한 유기물질로 변환(고정[固定]이라고 한다)할 수 있는 생명체의 탄생입니다. 소위 시아노박테리아(남조류)라고 부르는 미생물이 이에 해당합니다.

이러한 미생물은 주위에서 영양소를 섭취하지 않더라도(영양소가 주위에 없더라도) 대기 중의 탄산가스와 질소를 흡수하고 태양 에너지를 이용하여 광합성 함으로써 아미노산과 당과 같은 영양소를 스스로 만들어낼 수 있습니다.

광합성을 할 수 있는 미생물이 출현한 것은 지금으로부터 약 25억 년 전입니다. 이 시아노박테리아가 증식함에 따라서 대기 중에 산소가 점점 많이 방출되었습니다. 현재는 대기 중에서 산소가 21%를 점합니다.

지구상에 탄생한 최초의 생명체로 추정되는 것은, 당시 대기 조성으로 추측해보면 당연히 산소를 필요로 하지 않는 혐기성균인데, 그렇다면 혐기성 생물은 산소가 생겨난 지구 환경에서 어떻게 되었을까요?

산소를 사용하지 않는 혐기성 생물은 당연히 불리한 상황에 놓였습니다. 어쩌면 멸종된 혐기성 생물도 있을지 모르지만, 일부는 혐기 상태를 확보할 수 있는 장소, 예를 들어 땅속이나 사람을 비롯한 동물의 장기 속 등에서 사는 것을 선택하였을 것입니다.

사실, 우리의 장기 내에 있는 세균 대부분이 소위 혐기성균입니다. 또 당 분해를 원시적이며 비효율적인 산소를 필요로 하지 않는 '발효'로 하던 미생물은 산소를 이용하여 보다 효율적으로 에너지를 얻는 방법을 습득하여 나갔을 것입니다.

이 산소를 이용하여 당으로 에너지를 만드는 작업이 바로 '호흡'입니다. 지극히 효율적인 호흡이라는 방법으로 에너지를 획득하게

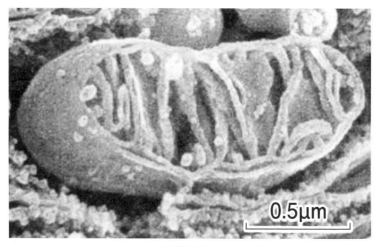

그림5 사람 췌장의 미토콘드리아

된 생명체가 지구 전체로 퍼져나갔습니다. 그 흔적을 현재의 발효균 등의 미생물에서도 관찰할 수 있습니다.

그렇다면 호기성균이 세포에 흡수되고 세포 내에 정착하여 미토콘드리아가 되었다는 세포 내 공생설은 사실일까요?

우리 몸을 구성하는 세포는, 세균 등의 원핵생물(명확한 경계를 가르는 핵막이 없는 세포로 구성된 생물)과 구별되며, 진핵생물로 분류됩니다. 진핵 세포는 핵막이 있고, 여러 가지 세포 소기관이 있으며, 세포가 가지는 다양한 기능이 정연하게 분업 정리되어 실행됩니다.

세포 소기관 중의 하나에 **그림5**에 게재한 호흡과 깊은 관련이 있는 미토콘드리아라는 럭비 볼 모양의 소기관이 있습니다. 사람 췌장의 미토콘드리아를 예로 게재하였습니다.

미토콘드리아는 막에 싸여 있으며, 내부에는 단백질, 산소, 리보

솜(생물체 모든 세포의 세포질 속에 있으며, 단백질 합성이 이루어지는 장소가 되는 소립자), DNA, RNA가 있습니다. 그리고 미토콘드리아는 친세포의 핵분열과는 별도로 독립성을 가지고 스스로 증식할 수 있습니다. 이처럼 살펴보다 보면 미토콘드리아는 세균 등의 원핵생물과 유사점이 많다는 것을 알 수 있습니다.

미토콘드리아의 기원에 관해서는 몇 가지 설이 있는데, 진화 초기에 세포 내에 공생하던 호기성균이 미토콘드리아가 되었다고 보는 견해가 설득력이 있습니다[10].

세균이 탄생하고 한참 후에 공룡의 시대를 거쳐서 인류가 탄생하였습니다. 인류가 탄생한 것은 약 20만 년 전입니다. 어느 쪽이 지구에서 먼저 살기 시작하였는지는 의심의 여지가 없습니다.

원래는 미생물 중심이던 지구에 사람이 갑자기 나타나 생활권을 넓히며 다른 생물을 지구 깊은 곳으로 차례로 내쫓았습니다. 예를 들어 자신들이 사는 주거지에 남이 멋대로 침입하여 들어와 살기 시작하였다면 이것은 정말로 일대 사건이라고 할 수 있습니다.

침입자를 내쫓기 위하여 당연히 갖은 수단을 다 쓸 것입니다. 인류와 감염증의 전쟁 역사는 그야말로 이와 같습니다.

오늘날 인간이 생활권을 확대하기 위하여 삼림을 밀어버리는 지역에서는 통상적으로는 생물 사이에서만 발생하는 감염증이 인간에게까지 감염됩니다. 또 툰드라 지대의 얼음이 녹아 여태까지 잠들어 있던 바이러스와 세균이 서서히 깨어날 것을 염려하는 연구자도 있는 것처럼 지구 온난화는 생태계에 큰 변화를 주고 있습니다.

신종 코로나 바이러스의 특징

표3에 정리되어 있는 바와 같이 코로나 바이러스는 지극히 흔한 바이러스로, 우리가 걸리는 감기 중 10~15%는 코로나 바이러스가 원인입니다.

유전자 변이를 근거로 뿌리를 찾아 들어가면, 공통된 조상은 기원전 8000년 무렵에 출현한 듯합니다. 이후로 모습을 바꾸어가며 박쥐와 새 등, 여러 동물의 몸에 침입하여 자손을 남겨온 것이 코로나 바이러스입니다.

코로나 바이러스 감염증은 여태까지 사람에게 감염되어 감기 증상을 일으킨 네 종류(HCoV-229E, HCoV-OC43, HCoV-NL63, HCoV-HKU1)와 신종 코로나 바이러스처럼 동물의 몸을 거쳐서 사람에게 감염되면 중증 폐렴의 원인이 되는 두 종류(SARS-CoV, MERS-CoV), 도합 여섯 종류가 있는 것으로 알려져 있었습니다.

감염자를 죽음에 이르게 할 가능성이 있는 코로나 바이러스는 지금까지 총 세 번 출현하여 팬데믹을 일으켰습니다. 첫 번째는 2002년의 SARS, 두 번째가 2012년의 MERS, 그리고 세 번째가 이번입니다.

참고로 신종 코로나 바이러스는 SARS-CoV2라고 명명되었으며, 감염증 명칭은 COVID-19입니다.

코로나 바이러스는 전자 현미경으로 관찰할 수 있습니다. 직경 약 0.1마이크로미터(1마이크로미터[μm]는 1밀리미터의 1000분의 1)의 구 형태를 하고 있으며, 표면에는 돌기가 있습니다. 형태가 왕관 'crown'과 비슷하여 그리스어로 왕관을 뜻하는 'corona'라는 이름

표3 코로나 바이러스의 특징

바이러스 이름	HCoV-229E HCoV-OC43 HCoV-NL63 HCoV-HKU1	SARS-CoV	MERS-CoV	SARS-CoV2
병명	감기	SARS (중증 급성 호흡기 증후군)	MERS (중동 호흡기 증후군)	COVID-19
발생 연도	매년	2002~2003년 (종식)	2012년~현재	2019년~
발생 지역	전 세계에 만연	중국 광둥성	아라비아반도와 그 주변	중국 우한시
숙주 동물	사람	관박쥐	단봉낙타 (중동과 아프리카에 생식)	박쥐
사망자 수 /감염자 수	불명/70억 명	774/8,098명	858/2,494명 (2019.11 현재)	16만/233만 명 (2020.4.19. 현재)
감염자 연령	6세 이하가 많음. 전 연령.	중앙값 40세 (0~100살)	중앙값 52세 (1~109세)	전 연령
주요 증상	비염, 상기도염, 설사	고열, 폐렴, 설사	고열, 폐렴, 신장염, 설사	고열, 기침, 폐렴
중증 환자의 특징	통상적으로는 중증화되지 않는다.	당뇨병 등의 만성 질환자, 고령자	당뇨병 등의 만성 질환자, 고령자, 입원 환자	당뇨병 등의 만성 질환자, 고령자
감염 경로	기침, 비말, 접촉	기침, 비말, 접촉, 배설물	기침, 비말, 접촉	기침, 비말, 접촉
사람-사람 감염	한 명→다수	한 명→ 한 명 이하	한 명→ 한 명 이하	한 명→ 두 명 이상
잠복 기간	2~4일 (HCoV-229E)	2~10일	2~14일	1~14일

출처 : 일본국립감염증연구소

이 붙었습니다.

　신종 코로나 바이러스와 다른 미생물의 차이는 무엇일까요? 각 바이러스, 세균의 감염 경로, 잠복 기간, 특징 등 각각의 다양한 특성을 **표4**로 정리하였습니다.

　신종 코로나 바이러스의 치사율은 각국의 보고에 따라서 차이가 있으나, 대략 2.3%로 발표되고 있습니다(2020년 3월 현재). 또 신종 코로나 바이러스는 유전자 배열 차이에 따라서 S형과 L형으로 분류됩니다. 중국 우한은 L형, 다른 지역은 S형입니다. 또 감염 부위는 폐가 중심이며, 폐렴과 간질성 폐렴(폐포를 제외한 부분인 간질을 중심으로 염증이 발생하는 질환의 총칭)의 중증화에 주의를 기울여야 합니다.

　또 신종 코로나 바이러스는 기관지와 폐뿐 아니라 상기도(비공, 인후, 후두)의 조직 세포와도 결합 및 침입하는 것으로 밝혀졌습니다. 그래서 기침과 재채기를 할 때 나오는 비말을 흡입하는 '비말 감염'과, 비말이 묻은 손잡이 등을 잡고 그 손으로 입이나 코나 눈을 만지면 체내에 들어오는 '접촉 감염'을 막는 것이 중요합니다.

'연대' 또는 '분단' 중에서 하나를 선택

　신종 바이러스 출현 가능성을 높이는 새로운 요인으로 환경 파괴와 지구 온난화를 들 수 있습니다.

　전술한 바와 같이 지금까지는 숲 깊은 곳에 고요하게 존재하던 병원체가 삼림 개발 등으로 인간의 생활권이 확대되면 갈 곳을 잃

표4 신종 코로나 바이러스와 다른 미생물의 차이

병원체	감염 경로	잠복 기간	특징
에볼라 바이러스	접촉	2~21일	·치사율이 50~90%로 높다. ·치료약과 백신이 있다.
에이즈 바이러스	접촉	약 5~10년	·약으로 발병을 억제할 수 있다. ·감염력이 대단히 약하고, 대부분 성적 접촉으로 감염된다.
뎅기 바이러스	접촉	2~15일	·해외에서 유입되었다. ·모기를 매개로 감염된다. 사람에서 사람으로는 감염되지 않는다.
황열 바이러스	접촉	3~6일	·치사율은 40~50%. ·꼭 맞는 치료법은 없지만, 황열 백신은 있다.
인플루엔자 바이러스	비말	1~7일	·증상이 나타나기 하루 전부터 다른 사람에게 옮는다. ·유행하는 형태가 매년 바뀐다.
노로 바이러스	비말	1~2일	·극히 소량의 바이러스로 감염된다. ·감염되면 공기 중을 통하여 다른 사람의 입으로 들어간다.
홍역 바이러스	공기	10~12일	·한 번 감염되면 평생 면역이 지속된다. ·임신 중에 감염되면 조산 및 유산될 가능성이 있다.
결핵균	공기	수개월~수십 년	·감염자의 5~10%만 발병한다. ·의료의 진보로 사망률이 대폭으로 감소하였다.
신종 코로나 바이러스	비말·접촉	1~14일	·치사율은 2.3%. ·L형(중국 우한)과 S형(우한 이외)이 있다. ·발열, 기침, 권태감, 폐렴, 호흡 곤란 등이 나타난다.

어 인류가 사는 사회로 나올 가능성이 있습니다.

지구 온난화의 경우에는 툰드라 지대의 얼음산 속에 잠들어 있던 병원체가 깨어나 활동할 우려가 있습니다.

따라서 인류는 새로운 바이러스의 출현을 전제로, 이를 예방할 방법을 체득해둘 필요가 있습니다. 이를 이번 신종 코로나 바이러스 감염증이 가르쳐주고 있습니다.

신종 바이러스의 항체가 없는 상태에서는 대증요법(병의 원인을 찾아 없애기 곤란한 상황에서, 겉으로 나타난 병의 증상에 대응하여 처치를 하는 치료법-역주)밖에는 기대할 수 없습니다. 따라서 감염 초기에 얼마나 잘 봉쇄하느냐가 중요합니다. 모든 것은 지구에 사는 사람들이 마음을 하나로 모으고 대처하느냐 그렇지 않느냐에 달려 있는 셈인데, 그러기 위해서는 서로를 존중하는 철학—불법이 설하는 '생명 존중의 철학'이 필요합니다.

신종 코로나 바이러스 감염증 확대의 위기 속에서 두 가지 뉴스를 접하였습니다.

인도에서는 신종 코로나 바이러스 확대를 막으려고 애쓰는 의료 관계자가 폭력과 괴롭힘을 당하고 있다는 보도가 2020년 3월 말 무렵부터 잇따르고 있습니다.

그 배경에는 의료 관계자가 바이러스를 옮긴다는 착각과 자신을 감염자로 취급하는 것에 대한 시민의 공포감이 있습니다. 방갈로르(인도 남부 카르나타카주의 주도)에서는 주민의 건강 상태를 체크하기 위하여 각 가정을 방문하던 의료 종사자가 폭력을 당하였습니다.

또 보팔(인도 중부 마디아프라데시주의 주도)에서는 구급 근무를 마치고 귀가하던 의사들을 경찰들이 불러 세우고 바이러스를 퍼트리고 있다며 경찰봉으로 구타하는 사건도 발생하였습니다. 이러한 편견에 의한 폭력과 괴롭힘은 인도에서만 일어나고 있는 게 아닙니다.

이와는 대조적으로 영국에서는 감염 확대에 관한 어두운 뉴스가 난무하는 가운데 일주일에 한 번 영국 전역이 밝은 빛에 감싸이는 시간대가 있습니다.

바로 매주 목요일 오후 8시입니다. 국민이 일제히 의료 현장에서 분투하는 보건 서비스NHS 스태프에게 감사를 전하기 때문입니다. 창문을 열고 집 밖이나 발코니에 나와서 NHS의 상징색인 파란색 조명으로 주변을 밝히고 다 함께 박수와 환성을 보냅니다. 런던대학교 위생열대의학대학원의 버친거 박사도 최대한 큰 소리로 벨을 울린다고 합니다.

이러한 뉴스를 들을 때마다 앞으로도 계속 조우할 바이러스 감염증 앞에서 인류가 '연대'와 '분단' 중에서 어느 쪽을 선택할 것인지를 시험당하고 있는 듯 느껴집니다.

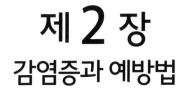

제 2 장
감염증과 예방법

표5 세균과 바이러스의 특징과 감염증의 차이

세균	바이러스
크기는 1마이크로미터	크기는 0.1~0.3마이크로미터
생육 조건은 영양, 온도, 습도.	생육에 살아 있는 세포 필요. 세포의 리보솜을 이용하여 자기 성분을 합성.
세대교체는 15~30분.	한 개의 감염 세포(기도 상피 세포)가 6시간 만에 10^5~10^6(COVID-19)개를 생산.
대사 물질은 독소, 효소 등. 증상은 세균의 종류에 따라서 다양성을 보인다.	감기 증상(발열, 기침 등) 외에 치사성 간질성 폐렴과 폐 장애를 일으키기도 한다. 다양성을 보인다.
광학 현미경으로 관찰.	전자 현미경으로 관찰.

세균과 바이러스의 감염증은 어떻게 다른가

표5는 세균과 바이러스의 특징을 비교한 것입니다. 크기는 세균이 1마이크로미터(1밀리미터의 1000분의 1)인 데 반하여, 바이러스는 약 10분의 1인 0.1~0.3마이크로미터입니다.

세균은 광학 현미경으로 관찰할 수 있지만, 바이러스는 전자 현미경이 아니면 관찰할 수 없습니다. 또 신종 코로나 바이러스는 신문이나 TV에 나오는 태양 코로나와 같은 형태를 하고 있습니다.

세균은 영양원이 있고 적당한 습도와 온도가 있으면 자력으로 증식할 수 있지만, 바이러스의 증식에는 살아 있는 세포가 필요합니다. 세포의 리보솜을 이용하여 자기 성분을 합성합니다.

　병원체가 세균인 경우에는 한 개가 분열하여 두 개가 되는데 15분에서 30분의 시간이 소요됩니다. 이 간격을 '세대'라고 하는데, 이 속도로 분열을 반복하면 시간이 흐름에 따라서 2, 4, 8, 16으로 증식하여 하룻밤 만에 한 개가 수십억 개로 늘어납니다. 병원체의 생육은 대수 증식하기 때문입니다.

　바이러스의 경우에는 종류에 따라서 다르지만, 신종 코로나 바이러스의 경우에는 6시간 만에 바이러스에 감염된 세포가 10만~100만 개로 늘어납니다(그림6의 5단계).

　병태는 세포와 바이러스의 종류에 따라서 다양한 양상을 보이는데, 신종 코로나 바이러스는 감기 증상인 발열과 기침을 보이고 그 외에 추가적으로 죽음에 이를 정도로 치명적인 간질성 폐렴과 폐장애를 일으키기도 합니다.

　이상의 내용을 종합적으로 고려하면 감염 확대를 막기 위해서는 어떻게 '병원체 한 개를 억제할 것인가?', '한 사람으로 끝낼 것인가?'라는 접근이 중요합니다.

　자신은 감염되지 않았더라도 누군가가 감염되면 그 사람한테서 병원체가 증식되어서 퍼집니다. 그러한 의미에서 생각하였을 때 대책 속에는 '나만 살면 된다'가 아니라, 손 닦기 등의 기본적인 예방 수칙을 사람들에게 알리고 필요한 사람에게 마스크를 전달하는 등 '서로 돕는다'는 '공조'와 '이타'의 철학이 있어야 합니다.

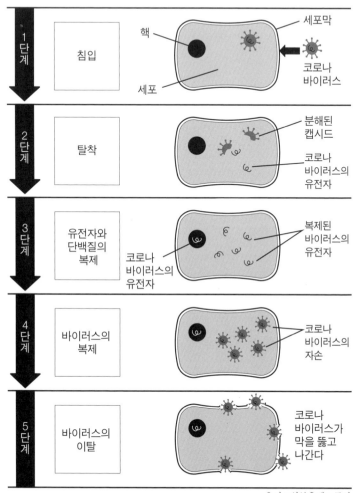

1단계	침입	핵 / 세포막 / 세포 / 코로나 바이러스
2단계	탈착	분해된 캡시드 / 코로나 바이러스의 유전자
3단계	유전자와 단백질의 복제	코로나 바이러스의 유전자 / 복제된 바이러스의 유전자
4단계	바이러스의 복제	코로나 바이러스의 자손
5단계	바이러스의 이탈	코로나 바이러스가 막을 뚫고 나간다

출처 : 일본후생노동성

그림6 코로나 바이러스의 감염과 증식 과정

근대 세균학의 아버지 파스퇴르의 공적

이번에는 세균이 어떻게 발견되었는지를 살펴보겠습니다. 안토니 판 레이우엔훅Antonie van Leeuwenhoek(1632~1723년)은 17세기 후반에 네덜란드의 시청에서 근무하던 공무원이었는데, 그는 유리를 연마하여 렌즈를 만드는 취미를 가지고 있었습니다.

그는 렌즈 한 장으로 된 현미경을 만들어, 고여 있는 물, 후추, 치태 등을 관찰하며 지속적으로 관찰 스케치를 그렸고, 눈에 보이지 않는 '미소微小한 생물'의 세계가 있다는 것을 알게 되었습니다.

관찰 기록은 「빗물, 우물물, 바닷물, 눈이 녹아서 된 물, 나아가 후추 수용액 속의 작은 동물에 관한 관찰」과 「현미경으로 관찰한 치태 속의 동물들」 등의 논문으로 영국의 일류 전문지에 공표되었습니다(그림7 참조)

그림7의 A와 F는 간균, C~D는 연쇄구균, E는 구균, H는 포도 구균을 관찰한 스케치일 것으로 추정됩니다. 하지만 많은 사람은 이를 믿지 않았고, 그의 관찰 스케치는 거의 주목을 받지 못하였습니다.

레이우엔훅은 눈에 보이지 않는 생물계를 들여다보며, 빙글거리며 움직이거나 거침없이 수영하는 균을 보고, 마치 동물원에서 동물을 볼 때와 같은 기분을 느끼지 않았을까요? 이 미생물이 인간의 생존과 깊은 관련이 있음을 틀림없이 상상조차 하지 못하였을 것입니다.

그로부터 2세기가 흐르는 사이에 '미생물의 세계'라는 미지의 세계가 존재함을 인류는 어렴풋하게나마 깨닫기 시작하였습니다. 이

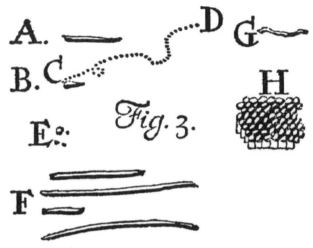

그림7 레이우엔훅이 본 미생물의 스케치

출처: Philosophical Transaction of the Royal Society of London 14:568-574, 1684년

눈에 보이지 않는 생물이 무엇을 먹고 어떤 활동을 하는지 궁금해하는 사람이 등장한 것도 신기할 일이 아닙니다.

이것이 과학자 파스퇴르Louis Pasteur 박사(1822~1895년)의 미생물 발견으로 이어졌습니다. 프랑스를 대표하는 특산품 포도주가 때때로 신맛이 강해져(산패) 상품 가치가 없어지는 비극이 반복적으로 일어났습니다.

그 원인을 찾아달라는 의뢰를 받은 파스퇴르는 알코올 발효 연구를 시작하였고, 산패의 원인이 일종의 잡균의 이상 증식 때문이라는 것, 나아가 62~65℃에서 30분간 가열하면 산패를 막을 수 있다는 것을 알아냈습니다. 이를 오늘날에는 저온살균법이라고 부릅니다.

이 저온살균법을 전문 용어로는 패스큐라이제이션(파스퇴르 살균법)이라고 부르는데, 이는 파스퇴르의 공적을 칭송하여 붙인 명칭입니다. 파스퇴르의 이 발견은 무척 중요한 의미를 지닙니다.

왜냐하면 미생물이 일종의 이상 현상의 원인이 된다는 것 그리고 예방법을 알아낸 것 등의 선구적인 발견을 하였기 때문입니다.

미생물이 병의 발생 원인이라는 것을 인류로 하여금 깨닫게 한 커다란 한 걸음이었기 때문입니다. 이것이 바로 파스퇴르가 근대 세균학의 아버지라고 불리는 연유입니다. 프랑스의 파스퇴르 연구소에서는 지금도 세균학 연구 분야에서 선진적인 연구를 하고 있습니다. 나의 필생의 과업이 된 연쇄구균의 선구적인 연구자들도 파스퇴르 연구소에서 활약 중입니다[10].

코로나 바이러스의 증상과 감염 확대 구조

감염증이란 바이러스와 세균 등의 병원체가 체내에 침입하고 증식하여, 발열과 설사, 기침 등의 증상이 나타나는 것을 말합니다. 그림6(44페이지)을 참조하며 코로나 바이러스의 감염 루트를 고찰해봅시다.

먼저 감염자나 발병자가 기침이나 재채기를 하면 입에서 비말이 공기 중으로 방출되는데, 이 비말에 포함된 코로나 바이러스가 비감염자나 의료 종사자 등의 입으로 들어가면서부터 시작됩니다.

입을 통하여 침입한 코로나 바이러스는 세포에 달라붙는데, 엔벌로프(지질막) 밖으로 튀어나온 스파이크를 이용하여 세포막에 들

러붙습니다. 그러면 세포는 코로나 바이러스를 호르몬이나 영양소 같은 어떤 유용한 물질로 착각하여 내부로 적극적으로 받아들입니다(침입: 1단계).

세포를 속여 내부로 침입하는 데 성공한 코로나 바이러스는 입고 있던 캡시드(바이러스 게놈을 감싸고 있는 단백질 껍질)를 벗어버리고 자신의 유전자인 RNA와 DNA를 방출(탈착: 2단계)합니다.

이 유전자가 세포 내에 있는 효소를 이용하여 대량으로 복제(유전자의 복제: 3단계)되는 것은 물론이고, 세포의 설비를 이용하여 코로나 바이러스 성분인 캡시드 단백질을 대량으로 생성(단백질의 생성)합니다.

만들어진 단백질이 바이러스 유전자를 감싸면 새로운 코로나 바이러스가 완성(바이러스의 복제: 4단계)됩니다. 세포 하나에서 수천 개의 바이러스 입자가 생겨, 세포를 파괴하고 튀어나와, 다음 세포에 침입하는 것을 반복합니다. 이리하여 감염 국소인 폐와 목, 코 세포가 파괴되고, 발열, 기침, 재채기, 오한 등의 증상이 나타나는 것입니다.

2019년 12월 이후로 사람에서 사람으로의 감염이 확대되고 있는 신종 코로나 바이러스의 증상과 감염 확대 구조를 **그림8**로 정리하였습니다.

주요 발증 증상은 발열, 기침, 심한 나른함 등이며, 잠복 기간은 1~14일, 중앙값은 5~6일입니다. 또한 감염되더라도 바이러스가 체내로 배출되면 발증하지 않습니다.

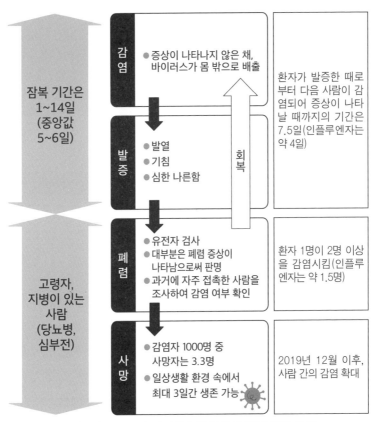

<table>
<tbody>
<tr><td>잠복 기간은
1~14일
(중앙값
5~6일)</td><td>감
염</td><td>● 증상이 나타나지 않은 채,
바이러스가 몸 밖으로 배출</td><td rowspan="2">환자가 발증한 때로
부터 다음 사람이 감
염되어 증상이 나타
날 때까지의 기간은
7.5일(인플루엔자는
약 4일)</td></tr>
</tbody>
</table>

잠복 기간은
1~14일
(중앙값
5~6일)

감염
● 증상이 나타나지 않은 채, 바이러스가 몸 밖으로 배출

발증
● 발열
● 기침
● 심한 나른함

회복

환자가 발증한 때로부터 다음 사람이 감염되어 증상이 나타날 때까지의 기간은 7.5일(인플루엔자는 약 4일)

고령자,
지병이 있는
사람
(당뇨병,
심부전)

폐렴
● 유전자 검사
● 대부분은 폐렴 증상이 나타남으로써 판명
● 과거에 자주 접촉한 사람을 조사하여 감염 여부 확인

환자 1명이 2명 이상을 감염시킴(인플루엔자는 약 1.5명)

사망
● 감염자 1000명 중 사망자는 3.3명
● 일상생활 환경 속에서 최대 3일간 생존 가능

2019년 12월 이후, 사람 간의 감염 확대

그림8 신종 코로나 바이러스의 증상과 감염 확대 구조

발증하더라도 회복되는 사람이 많은 것이 특징입니다. 이 경우에는 유전자 검사(2020년 3월 시점에서는 PCR 검사)까지는 하지 않습니다.

발증 후 증상이 지속되는 경우에는 유전자 검사를 실시합니다. 유전자 검사를 하여 양성이면 과거에 자주 접촉하였던 사람을 조사하여 감염 확인을 하는데, 대부분은 폐렴 증상이 나타나 코로나 바이러스에 걸린 것으로 판명나는 것이 실상입니다. 치사율은 국가에 따라서 다른데, 약 0.2~6.9%입니다.

환자가 발증한 때로부터 다음 사람이 감염되어 증상이 나타날 때까지의 기간은 7.5일입니다. 인플루엔자의 경우에는 약 4일입니다. 신종 코로나 바이러스는 환자 한 명이 두 명 이상을 감염시키므로 인플루엔자의 1.5명과 비교하였을 때 감염력이 강하다고 할 수 있습니다. 또한 신종 코로나 바이러스는 일상생활 공간에서도 최장 3일간 감염력이 유지된다는 보고도 있습니다[1].

면역계의 폭주 '사이토카인 폭풍'

여러 가지 감염증에 걸릴 리스크가 언제나 있음에도 불구하고 우리가 살아갈 수 있는 것은 면역계가 활동하는 덕분입니다. 면역계의 구조에 대하여 뒤에서 재차 설명하겠지만, 여기에서는 신종 코로나 바이러스가 중증화하는 것과 관련하여 한 가지 관점을 소개하고자 합니다.

면역계는 병원체 등을 박멸해주는 든든한 무기인데, 너무 강력하여서 '양날의 검'이 되어 우리의 몸에 손상을 주기도 합니다. 알레르기나 여타 각종 자가 면역 질환도 그러한 경우입니다. 꽃가루 알레르기와 천식은 비교적 흔하여 다들 알고 있지만, '양날의 검'은 바이러스 등에 의하여 감염증에 걸렸을 때도 문제가 된다는 것을 아는 사람은 많지 않습니다.

앞서 소개한 SARS가 2002년에 유행하였을 때 중증화한 증례 중에서 면역계 폭주 증상이 있는 것이 주목을 모았습니다. 이번 신종 코로나 바이러스에서도 동일한 증례가 보고되고 있습니다.

소위 '사이토카인 폭풍'이라고 불리는 현상인데, 그렇다면 '사이토카인 폭풍'이란 무엇일까요?

사이토카인이란 세포가 분비하는 단백질의 총칭으로 다양한 종류가 있습니다. 역할은 지시 사항을 특정 세포에 전달하는 것입니다. 지시받은 세포는 각 지시에 맞는 반응을 하기 시작합니다.

예를 들어 세포 분열하여 개수를 늘리라는 지시를 받는 경우도 있고, 그 반대인 경우도 있습니다. 또 특정 물질을 만들라는 지시를 받기도 하고, 다른 장소로 이동하라는 지시를 받기도 합니다.

이처럼 사이토카인은 정보를 전달하는 역할을 담당하는데, 비슷한 물질에 '호르몬'이 있습니다. 단, 호르몬의 경우에는 특별한 조직 구조인 '선'(갑상선 등)에서 분비되어 멀리 떨어진 세포에도 작용하는 데 반하여, 사이토카인은 세포 하나가 직접 체액에 분비하여 가까이에 있는 세포에 특히 강하게 작용한다는 점에서 차이가 있습니다.

면역계 세포도 다양한 사이토카인을 분비합니다. 여러분도 다쳤을 때 해당 부위가 붓거나, 열이 나거나, 붉어진 적이 있을 것입니다.

종창, 발열, 발적, 그리고 통증을 동반하는 증상을 '염증'이라고 하는데, 이들 증상이 사이토카인의 지시에 의하여 일어나는 증상입니다. 수많은 사이토카인 중에서도 염증을 일으키는 '염증성 사이토카인'은 인터류킨1β(IL-1β), 인터류킨6(IL-6), 종양괴사인자α(TNF-α) 등입니다.

이러한 것이 만들어지면 예를 들어 혈관 내피 세포에 작용하여 혈관이 확장됨과 동시에 혈관 벽이 느슨해집니다. 그러면 해당 장소는 혈류 흐름이 원활해져 붉게 보이고, 혈관 내에 있던 체액과 백혈구가 혈관 밖으로 나와 상처 부위로 침입한 세균과 싸웁니다.

이처럼 감염증과 싸울 때도 사이토카인은 중요한 역할을 하는데, 과다하게 만들어져 병원체가 침입한 곳뿐 아니라 온몸에 작용하게 되면 문제가 발생합니다. 이것이 사이토카인 폭풍입니다.

사이토카인 때문에 과잉 활성화되어 면역 세포가 죽기도 하고, 혈액 응고가 여기저기에서 일어나면 여러 장기에 산소와 영양분이 전달되지 않아 다발성 장기 부전 증상이 나타나기도 합니다. 즉, 면역계는 병원체를 제거하기 위하여 존재하지만, 과잉되면 자기 자신을 파괴합니다. 병원체의 독성보다 면역계가 더 큰 문제가 되는 사례가 의외로 많습니다.

신종 코로나 바이러스 감염증의 경우에는 어떨까요? 이번 팬데믹으로 많은 의료 시설에서 증례 보고가 나오고 있는데, 경증으로 끝난 환자와 집중치료실ICU에 수용된 중증 환자 사이에는 어떤 차이가 있었을까요? 여러 가지 검사 항목 결과를 훑어보았을 때 중증 환자의 경우에는 IL-6 등의 '염증성 사이토카인'의 혈액 내 농도가 높은 경향을 보였으며, 또 혈액 내 호중구 세포 수는 증가하는 경향을 보인 반면 림프구 세포 수는 감소하는 경향을 보였습니다. 이 데이터는 중증 환자에게서 사이토카인 폭풍이 일어났음을 시사합니다.

그러면 면역 반응을 억제하거나 IL-6 등의 사이토카인을 중화하는 약제가 중증 환자에게 유효할 가능성을 생각해볼 수 있고, 실제로 효과가 있다는 보고가 있습니다.

현 단계에서는 바이러스를 표적으로 하는 약제가 더 주목을 받고 있고, 이는 합당한 일이지만, 한 번 사이토카인 폭풍 상태에 빠지면 아무리 바이러스의 복제를 막더라도 이미 손쓰기에 늦어버렸을 가능성이 있습니다. 백신 개발을 포함하여, 면역 반응을 적절하게 컨트롤하는 것이 중요하며, 이것이 앞으로 해결하여야 할 중요한 과제입니다.

밀폐, 밀집, 밀접의 '3밀'을 피하는 이유

도쿄도 마치다시에 다람쥐와 함께 놀 수 있어서 아이들에게 인기가 많은 '마치다 다람쥐원'이라는 곳이 있습니다. '다람쥐 방목 광장'에서 해바라기 씨를 손 위에 올려놓고 있으면 다람쥐가 손 위로 올라와서 해바라기 씨를 먹습니다.

마치다 다람쥐원에서 1992년 10월 중순부터 11월 중순까지 방목하며 키우던 다람쥐 500마리 중에서 대만 다람쥐 373마리와 얼룩다람쥐 41마리, 총 414마리(사망률 82.8%)가 안면이 살짝 부은 상태로 외비공 및 구강으로 출혈을 보이며 잇달아 급사하였습니다.

아자부대학교로 원인 규명 및 대책 강구 의뢰가 들어와, 팀을 조직하여 이에 대응한 적이 있습니다[2].

원인을 조사하자, 세균학적으로는 C군 연쇄구균이 원인인 것으로 판명났습니다. 검토 결과에서는 바이러스가 원인이라는 당초의 결과가 부정되었습니다. 오랫동안 연쇄구균 연구를 하였기도 하여 우리 연구실에서 병원균을 생성하는 병원 인자 해석에 착수하였습니다.

병리학적으로는 폐의 병변(병으로 일어난 육체적 또는 생리적인 변화-역주)이 관찰되었으며, 전체적으로 폐포 벽이 두꺼워져 있었습니다. 변화된 폐포 벽에서 출혈이 있었으며, 출혈성 폐렴과 많은 호중구의 존재가 확인되었습니다. 또 다람쥐원 관계자의 인두에서도 연쇄구균을 분리하였지만, 검출되지 않았습니다.

사람에게는 감염되지 않는, 인축 공통 감염증은 아닌 것으로 확인되었습니다. 사람에게는 감염되지 않는다는 것이 확인되어 다람쥐원을 재개장할 수 있었습니다. 다람쥐가 방목 사육되기 전에, 통상적으로 검역 목적으로 일정 기간 동안 건강 상태를 관찰하는데, 그곳에서는 이상이 관찰되지 않았습니다. 최종적으로는 중국에서 들어온 얼룩다람쥐가 감염원이라는 결론에 이르렀습니다.

이 다람쥐 감염증 사건을 통하여 두 가지를 배울 수 있었습니다. 하나는 다람쥐의 생태계에 대해서였습니다. 다람쥐는 추위와 외적으로부터 몸을 지키기 위하여 잠을 잘 때 등에는 집단으로 생활합니다[6].

그래서 병원균을 가진 개체 하나가 발증하면 무리 전체로 감염이 확대됩니다. 그래서 이와 같은 짧은 기간에 82.8%의 다람쥐가 사망하는 일이 '마치다 다람쥐원'에서 일어난 것입니다. 그야말로 3밀에 의한 밀접 접촉입니다.

두 번째 교훈은 다람쥐는 단독 케이지에서 사육하면 병에 잘 걸린다는 것입니다. 자유를 구속당하자 스트레스를 받아서 저항력, 여기에서는 면역력이 저하되었습니다.

'마치다 다람쥐원' 사건에서 얻은 교훈은 사람의 사례에도 똑같이 적용됩니다. 신체적인 거리(피지컬 디스턴스)가 때와 장소에 따라서 대단히 중요하다는 것을 가르쳐줍니다.

그림9에서 세 개의 원이 겹치는 부분, 이 상태에서는 집단 감염이 발생할 리스크가 높아집니다. 바이러스 감염은 접촉과 비말 등으로 확대되기 때문에 환기가 되지 않는 공간에 감염자가 있으면 바이러스가 축적됩니다.

사람이 많이 밀집한 곳에서는 사람에서 사람으로의 감염 빈도가

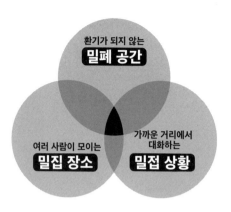

그림9 세 가지 요인이 합쳐지면 집단 감염 발생 리스크 상승

많아집니다. 또 가까운 거리에서 대화를 나누면 감염 리스크가 올라갑니다. 한 가지 조건만 갖추어져도 감염 리스크가 있으므로 두 가지, 세 가지 조건이 갖추어지면 리스크가 훨씬 높아지리라는 것을 쉽게 이해할 수 있을 것입니다.

참고로 '마치다 다람쥐원'에서는 여태까지의 경험을 바탕으로 다람쥐의 건강 관리에 더욱 주의를 기울여, 안심하고 다람쥐와 놀 수 있도록 잘 유지하고 있습니다.

노구치 히데요의 사체는 완전히 밀폐된 관에 담겨 매장

이번에는 노구치 히데요野口英世 박사에 대하여 잠시 이야기하겠습니다. 강연 요청을 받고 건강 세미나를 하면 시작할 때 "천 엔짜리 지폐에 그려져 있는 인물이 누구인지 아십니까?"라고 매번 묻는

데, 그러면 참가자는 어리둥절해 하면서 나쓰메 소세키라거나 이토 히로부미라고 대답하기도 하고, 연배가 있는 분은 쇼토쿠 태자라고 대답하기도 합니다.

슬쩍 지갑에서 꺼내 확인하는 신중한 사람도 있습니다. 노구치 히데요의 초상은 2004년부터 천 엔짜리 지폐에 채용되었으므로 이래저래 올해로 16년 차가 됩니다.

그다음에 "노구치 히데요는 어떤 일을 한 사람이죠?"라고 물으면, 화상 치료, 의사, 황열병 치료라고 대답합니다.

노구치 히데요는 황열병이 유행한 메리다(멕시코)와 아크라(가나) 등에서 병원체를 발견하기 위하여 힘쓴 것으로 유명합니다. 그는 아쿠라에서 황열병에 걸려 생애를 마감하였는데, '감염과 면역'의 발전에 크게 기여하였습니다.

참고로 황열 바이러스에 관해서는 **표4**(37페이지)에서도 정리하여 제시하였지만, 치사율이 40~50%로 높은 병원체입니다.

2차 감염이 될 위험성이 있어 황열 바이러스 사상자는 화장하거나 또는 즉시 매장하는 것이 일반적이지만, 석유왕 록펠러의 지시로 노구치 히데요의 시체는 미국으로 보내졌습니다.

금속제 관에 넣고 뚜껑을 용접하여 완전히 밀봉한 후 가나에서 뉴욕으로 보냈습니다. 노구치 히데요가 재적하고 있던 록펠러의학연구소 직원은 그를 맞이하러 온 친구들에게 "관 뚜껑을 열어서도 안 되고, 관에 손을 대서도 안 됩니다"라고 경고하였고, 엄중한 관리하에 관은 뉴욕주 우들론 묘지에 매장되었습니다.

황열병에 걸려 쓰러진 노구치 히데요는 슈퍼전파자(감염증을 일으키는 병원체에 감염된 숙주 중에서 통상적인 경우보다 훨씬 많은 2차 감염자를 발생시키는 자)였기 때문에 2차 감염을 막기 위하여 금속제 관에 넣고 밀봉한 것이었습니다.

노구치 히데요의 비석에는 '인류를 위해서 살고 인류를 위해서 죽다'라고 쓰여 있으며, 생가의 탄생지비와 노구치 집안의 위패를 모신 사찰에는 그의 머리카락이 봉납되어 있습니다. 그의 머리카락은 미국의 이발사가 '그 유명한 노구치'의 머리카락이라며 미국으로 건너가기 전부터 가지고 있던 것이라고 합니다.

참고로 노구치 히데요는 국내외를 대표하는 무수한 세균학, 특히 연쇄구균 연구의 일인자를 배출하고 있는 일본의학대학교(구 사이세이학사[済生学舎])에서 수학하였습니다.

「외부 세계와 접하는 방어벽」과 마스크의 효과

그림10을 참고하면서 마스크, 손 씻기, 환기의 효과에 대하여 설명하겠습니다.

제1단계의 '외부 세계와 접하는 방어벽'에서는 피부와 점막, 타액, 코털, 코점막, 위산 등이 병원체의 침입을 막습니다. 피부도 분비물로 병원체의 침입을 막습니다. 예를 들어 피지선과 땀샘 등에서 나오는 분비물은 피부 표면을 약산성(pH 3~5)으로 유지함으로써 병원체의 번식을 막습니다. 또 땀 등에는 라이소자임이라는 효소가 포

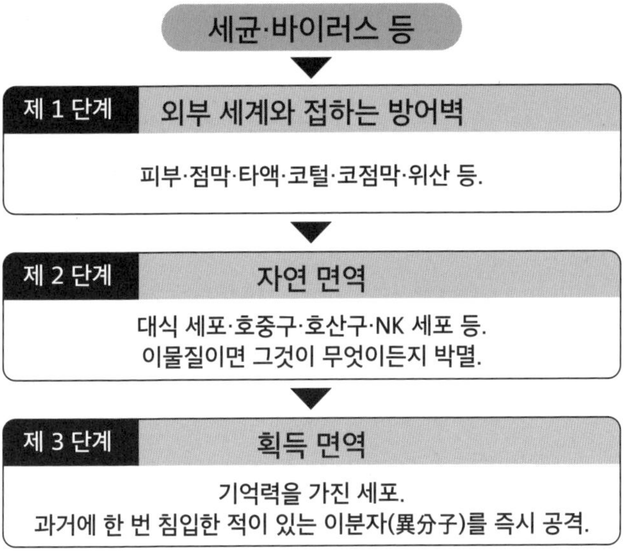

세균·바이러스 등

제 1 단계	외부 세계와 접하는 방어벽
	피부·점막·타액·코털·코점막·위산 등.

제 2 단계	자연 면역
	대식 세포·호중구·호산구·NK 세포 등. 이물질이면 그것이 무엇이든지 박멸.

제 3 단계	획득 면역
	기억력을 가진 세포. 과거에 한 번 침입한 적이 있는 이분자(異分子)를 즉시 공격.

그림10 감염 방어의 구조

함되어 있어서 세균의 세포벽을 분해하여 세균을 파괴합니다.

코와 입, 소화 기관, 요관 등의 내벽을 싸고 있는 점막도 외부 세계와 접촉하고 있어서 이물질의 침입에 대한 다양한 방어 구조를 가지고 있습니다. 점막은 점액을 분비하는데, 이 점액을 지키는 데 있어서 마스크가 효과적인 역할을 합니다.

마스크로 세균과 바이러스의 침입을 완벽하게 막을 수는 없지만, 마스크를 쓰면 코와 목의 습도를 일정하게 유지할 수 있습니다. 습도를 일정하게 유지하여 건조해지는 것을 막으면 습기가 점막을 보호하여 줍니다.

타액 속에는 면역 글로불린과 살균 성분이 들어 있습니다. 타액이 잘 분비되지 않는 사람은 귀 아래와 턱 안쪽의 침샘을 누르며 마사지해주면 좋습니다.

여담인데, 2019년에도 이그노벨상(미국 하버드대학교의 유머과학잡지사에서 기발한 연구나 업적에 대하여 수여하는 상-역주) 수상자에 일본인이 포함되었습니다. 5살 어린아이의 일일 타액 분비량이 얼마나 되는지를 측량하여 수상 대상자가 되었습니다. 타액은 입안을 청결하게 유지하고, 음식물을 소화하는 데 있어서 중요한 역할을 합니다.

보통 때와 식사 중에 타액이 얼마나 나오는가는 중요한 정보지만, 지금까지 어린이를 대상으로 조사가 이루어진 적이 없었습니다.

이에 5살 어린이 서른 명을 대상으로 조사한 결과, 평균 500밀리리터의 타액이 분비된다는 것을 알아냈습니다. 참고로 어른의 분비량은 일일 평균 1~1.5리터입니다.

또 이물질이 입을 통하여 내부로 침입한 경우에는 점액으로 감싸고 기관에 있는 선모가 밖으로 내보냅니다. **그림11**에도 나오는 선모와 관련된 에피소드를 하나 소개하겠습니다.

내가 처음으로 취직한 곳은 임상 검사약을 제조 및 판매하는 회사였으며, 모회사는 주식회사 용각산龍角散이었습니다. 목의 불편을 해소해주는 약으로 널리 알려져 있는 용각산은 오랜 역사를 가지고 있습니다. 원형은 에도 시대 후기 아키타번秋田藩 사타케佐竹 가문의 전속 의사였던 후지이 겐엔藤井玄淵(?~1828년)이 만들었으며, 아키타번을 대표하는 약이 되었습니다.

나아가 난학을 배운 후지이 겐신藤井玄信이 서양의 생약을 넣어

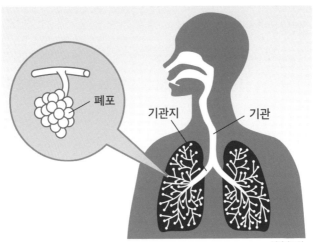

폐포

기관지

기관

이미지 그림

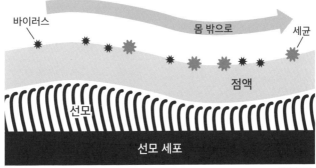

바이러스

몸 밖으로

세균

점액

선모

선모 세포

선모가 이물질을 제거하는 구조

이미지 그림

그림11 기관 및 선모의 구조

개량하였고, 사타케 요시타카佐竹義堯 번주를 섬긴 3대 후지이 쇼테이지藤井正亭治가 번주의 지병이던 천식을 치료하기 위하여 한 번 더 개량하였습니다. 용각산이라는 이름이 붙은 것도 이 무렵이라고 합니다.

용각산의 효과는 기관에 있는 선모의 활동을 활발하게 해주는 것입니다. 선모는 기도의 선모 세포 상피에 빽빽하게 나 있으며, 1분에 1500번이나 움직이며 이물질을 제거합니다. 그래서 선모의 활동을 활성화시키면 바이러스 등 병원체의 침입을 막아주는 방어벽이 되어줍니다.

쇼테이지는 1871년에 아키타번의 에도 저택에서 멀지 않은 간다 토시마정神田豊島町(현 지요다구 히가시칸다)에서 후지이야쿠슈텐藤井薬種店이라는 약국을 개업하여 용각산을 일반에 판매하기 시작하였습니다.

손 씻기와 환기로 미생물의 침입을 방어

다음으로 손 표면에 묻은 세균과 바이러스 등을 제거하는 손 씻기에 대하여 설명하겠습니다.

우리들 연구자와 의료 관계자 등은 병원체를 다룰 때 크레졸 등에 손을 담가 소독하였습니다. 그런데 크레졸에서는 옛날 병원 특유의 냄새가 나서, 현재는 히비탄 등의 냄새가 나지 않는 소독액을 사용합니다.

참고로 얼마 전까지만 해도 외과 의사는 손을 보면 바로 외과 의사라는 것을 알 수 있었습니다. 왜냐하면 외과 의사는 수술 전에 반드시 손끝까지 솔로 깨끗하게 씻기 때문에 손톱이 짧아져 있기 때문입니다. 이는 수술을 많이 집도하였다는 증거이기도 하였습니다. 손의 지문과 손톱이 자라 나오기 시작하는 부분에 있는 세균까지 확실하게 씻기 때문입니다.

손 씻기의 효과를 말하기에 앞서, 누구나가 나는 청결하기 때문에 더러운 균을 가지고 있지 않다고 생각하지 않을까요?

하지만 세균이 얼마나 우리 삶 가까이에 있는지를 다음의 실험으로 정확하게 알려드리겠습니다.

그림12에서 보는 바와 같이 세균이 생식하는 데 필요한 영양분이 든 배양지에 도장을 찍듯이 손바닥을 꾹 누릅니다. 그리고 손바닥을 소독한 다음에 동일하게 손바닥 도장을 찍습니다. 배양지를 37℃의 부화기에 넣어둡니다. 그러면 다음 날 봉긋하게 올라온 세균 콜로니(집단)를 관찰할 수 있습니다.

배양지를 만드는 방법은 100밀리리터짜리 용기에 탄소원으로 설탕을 한 숟가락 넣고, 그다음에 질소원으로 육즙 또는 고기 엑기스를 넣습니다. 이것을 한천 속에 넣고 열을 가한 후, 통상적으로는 원통형 유리 용기에 넣는데, 이번 같은 경우에는 손 모양의 용기에 넣어 굳히면 배양지가 됩니다.

그림12에서 (a)와 (c)에서는 포도 구균과 곰팡이류가 많이 관찰되었습니다. 육안으로 보았을 때는 작아 보이지만, 콜로니에는 약

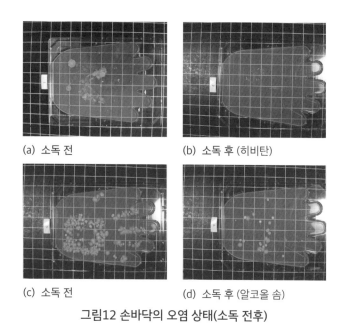

(a) 소독 전   (b) 소독 후 (히비탄)

(c) 소독 전   (d) 소독 후 (알코올 솜)

그림12 손바닥의 오염 상태(소독 전후)

수십억 개의 균이 들어 있습니다.

예를 들어 소풍 가서 먹을 주먹밥을 손을 씻지 않은 채 맨손으로 만들었다고 해봅시다. 손에 붙어 있는 상재 세균(동물의 피부 점막 등에 평상시에 서식하고 있는 세균-역주)이 주먹밥에 묻습니다. 또 주먹밥을 넣은 가방을 등에 메고 운동하면 체온에 의하여 따뜻하게 데워져 세균이 번식하기에 딱 좋은 환경이 됩니다.

그리고 30분에 한 번의 분열을 반복하면 세균 하나는 6시간 만에 4,000개로 증식합니다. 손에 상처가 있는 경우에는 세균 수가 더욱 증가하는데, 사람의 손에는 눈에 보이지 않는 상처가 많습니다. 예를 들어 날카로운 물건을 잡았을 때 상처가 나거나 합니다. 그러면 그 부위에서 피부 조직 침출액이 나와서 균의 영양원이 됩니다.

또 소독 효과는 그림12의 (b)와 (d)로 확인할 수 있습니다. 히비탄과 알코올 중에서는 히비탄이 소독 효과가 좋음을 알 수 있습니다. 소독액이나 비누가 없을 때도 흐르는 물로 잘 씻으면 세균은 감소합니다.

환기도 무척 중요합니다. 냄새가 있을 경우에는 환기가 필요하다는 것을 알기 용이하지만, 무취인 경우에는 알기 어렵습니다. 그래서 정기적으로 시간을 정해두고 환기하는 것이 중요합니다. 이상적인 환기 기준 시간은 2시간에 한 번, 환기 시간은 5~10분 정도입니다.

예전에 무균실에서 세균 수 검사를 한 적이 있는데, 무균실에는 99.999% 제균 가능한 공조 필터를 통하여 바람이 들어옵니다. 이러한 장치가 있으면 집안을 제균할 수 있겠지만, 일반 가정이나 학교, 직장 등에는 당연한 이야기지만 설치할 수 없습니다. 따라서 환기를 주기적으로 해주는 것이 병원체가 실내 공기에 포함될 확률을 낮추는 가장 좋은 방법입니다.

제 3 장
감염증을 이겨내는
인간의 면역력

감염증으로부터 몸을 지켜주는 '자연 면역'의 구조

감염증을 막아주는 '자연 면역'의 구조에 대하여 앞서 본 **그림 10**(59페이지)을 참고해가며 설명하겠습니다.

제2단계를 담당하는 것이 면역 세포인 백혈구입니다. 백혈구에는 대식 세포(단구가 더욱 분화된 것으로, 이물질을 포식하여 소화하는 청소부 역할을 한다)와 호중구, 호산구(알레르기 반응을 제어하는 것이 주 역할), 호염기구 등의 과립구, 또 NK(내츄럴 킬러) 세포 등의 림프구가 있습니다.

이러한 것들이 체내에 들어온 병원체 등의 이물질을 재빨리 찾아내 공격하고 퇴치하여줍니다. 신종 코로나 바이러스에 감염되더라도 많은 사람이 경중으로 끝나고, 안정을 취하기만 하여도 낫는 것이 자연 면역력 때문입니다.

반대로 고령자나 기초 질환이 있는 사람은 자연 면역력이 약하기 때문에 중증화되는 경우가 많습니다. 자연 면역 세포를 건전하게 생성시키기 위해서는 교감 신경과 부교감 신경으로 이루어진 자율 신경이 균형 있게 작용하여야 합니다(73페이지의 그림15 참조). 이를 위해서는 스트레스가 쌓이지 않도록 하며, 규칙적으로, 평온한 일상을 보내는 것이 중요합니다.

면역 세포인 백혈구는 골수 속의 조혈 간세포에서 만들어집니다. 백혈구는 수명이 몇 시간에서 며칠로 짧기 때문에 지속적으로 보충되어야 합니다. 하루에 만들어지는 세포 수는 약 2,000억 개입니다. 1초에 200만 개가 생산되는 것입니다.

그렇기 때문에 매일매일 건강 관리를 잘하여 체내에 면역 세포가

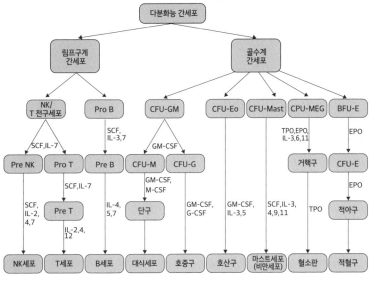

그림13 다분화능 간세포의 분화

적절하게 만들어지는 환경을 갖추어주는 것이 중요합니다. 이들 자연 면역 세포와 뒤에서 상술할 '획득 세포' 등의 대부분은 골수계 간세포에서 만들어집니다.

그림13에서 보는 바와 같이 인터류킨ɪʟ이라고 불리는 생리 활성 물질의 존재하에 각각의 기능을 가진 세포로 자라납니다(분화). 이 생리 활성 물질은 제2장(50페이지)에서 언급한 사이토카인과 같은 물질입니다[13](각종 사이토카인에 관한 간략한 설명은 생략).

자연 면역이 작용하는 신체 부위에서는 국소적인 통증과 부기가 나타나기도 합니다. 무척 불쾌하게 느껴지는데, 이 통증과 부기에는 자연 면역을 촉진하고 조직 복구력을 높여주는 효과가 있습니다.

신체 일부에 감염과 손상이 발생하면 국소 세포에서 히스타민과 프로스타글란딘 등의 경보 물질이 분비되어 다양한 반응을 일으킵니다.

제2장(52페이지)에서 언급한 염증이라는 신체 반응에 대하여 말하자면, 염증이 생기면 호중구와 단구(백혈구의 일종으로, 가장 큰 타입)가 조직에 모여 자연 면역이 활성화됩니다.

호중구는 병원체를 죽이는 화학물질 분비와 식작용에 의한 처리를 합니다. 이들 반응에 의하여 호중구도 사멸하는데, 이것이 모여 고름이 됩니다.

단구는 대식 세포로 분화되어 침입하여 들어온 병원체와 죽은 세포를 잡아먹습니다. 또 대식 세포에서 혈액 내로 방출된 인터류킨이 뇌의 시상하부에 신호를 보내 전신의 체온을 상승(발열)시킵니다.

그럼 면역 세포인 과립구 중의 하나인 호산구에 관한 증례를 소개하겠습니다.

호산구 증다증이 나타난 사례(27세 여성)인데, 미열, 권태감, 코피, 피하 출혈 등의 증상으로 병원에 입원하였습니다. 검사 결과, 호산구가 26%로 높은 수치를 보였습니다.

정상 수치는 1~5%인데, 다섯 배나 높았습니다. 이에 다른 면역 세포의 기능도 저하되어, 한 번 걸리면 걸리지 않는 홍역에 다시 걸렸습니다. 또 혈소판이 적어져 피하 출혈과 함께 다리와 가슴에 자색 반점이 나타났습니다.

여기에서 알고 넘어가야 하는 것은 한 가지 면역 세포의 생산량이 지나치게 많아지면 다른 세포의 증식에 영향을 끼쳐 균형이 심하게 깨지고 불건강해진다는 것입니다. 세포군의 밸런스, 과립구와 림프구의 조화가 얼마나 중요한지를 보여주는 사례입니다. 참고로 해당 사례의 여성은 그 후 건강을 회복하여 지금은 건강하게 잘 지내고 있습니다.

'수면', '영양', '보온'이 자연 면역을 활성화

자연 면역과 획득 면역 등의 생체 방어에 있어서 중요한 것은 **그림14**에서 보는 바와 같이 수면과 영양, 그리고 보온입니다. 먼저 양질의 수면을 충분히 취하는 것이 중요합니다. 수면 중에 지친 몸이 회복되고, 오래된 세포가 새로운 세포로 교체되기 때문입니다.

수면 시간이 적으면 면역 세포의 수도 적어져 면역력이 저하됩니다. 수면 중에는 부교감 신경이 우위가 되는데, 이 또한 면역력을 높여줍니다.

다음으로 영양은 규칙적으로 균형 잡힌 식사를 하는 것이 중요합니다. 특히 비타민 A, B, C군은 점막 강화와 피로 회복, 면역력 강화에 좋습니다.

면역 세포의 70%는 장에 존재합니다. 유산균 등의 발효 식품과 식이 섬유, 올리고당 등을 섭취하여 장내 세균의 균형을 잡는 것도 면역력을 높이는 데 도움이 됩니다.

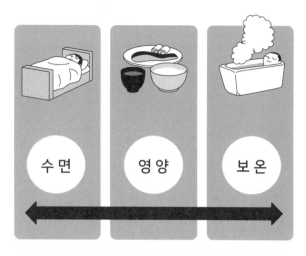

그림14 생체 방어 능력(자연 면역, 획득 면역)의 활성화

인체(성인 남성)의 화학 조성은 물 60%, 단백질 18%, 지질 18%, 무기물질 3.5%, 당질 0.5%입니다. 인체는 세포의 집합체이므로 화학 조성은 세포의 조성 비율이라고도 할 수 있습니다. 참고로 여성은 수분이 10% 낮고, 그 대신 지질이 많습니다.

그 밖의 성분으로는 핵산, 비타민, 호르몬, 색소 등이 있습니다. 사람의 50조 개의 세포와 면역에 관여하는 세포의 대사, 즉 합성과 이화 등을 생각하여 보더라도 균형 잡힌 식사는 중요합니다.

한편, **그림14**에서 보는 바와 같이 보온이 중요한 것은 몸이 차가워지면 교감 신경의 작용에 의하여 림프구 등의 면역 세포가 감소하기 때문입니다. 온도라는 물리적인 스트레스가 면역 능력에 영향을 끼치기 때문에 옷과 침구에도 신경을 쓰고, 매일 반신욕을 하

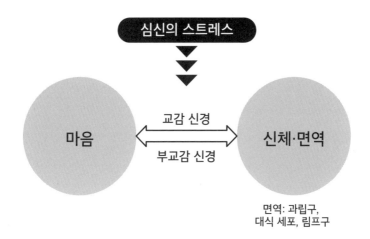

그림15 마음과 몸을 이어주는 자율 신경

여 몸을 따뜻하게 할 것을 권합니다. 욕조에 몸을 담그면 몸이 릴
랙스되는데, 이 또한 면역력을 향상시켜줍니다.

이상에서 살펴본 수면, 영양, 보온의 질을 높여주고, 보다 효과를
높여주기 위하여 적절한 운동을 해주는 것도 도움이 됩니다. 운동
을 하면 몸이 따뜻해지고, 입맛도 돌고, 수면의 질도 좋아지기 때
문입니다. 그러면 앞서 설명한 에너지를 만들어내는 미토콘드리아
(32페이지 그림5 참조)도 증가합니다.

그림15는 마음과 몸을 연결하는 자율 신경의 관계를 도식화한
것입니다. 교감 신경이 활성화되면 과립구가 증가하고, 부교감 신
경이 활성화되면 림프구가 증가합니다. 교감 신경과 부교감 신경
은 통상적으로 길항 관계에 있어서 시소처럼 교대로 활성화되며

몸에 작용합니다.

과립구의 수가 지나치게 증가하면 외적과 싸울 뿐 아니라 몸속에 공생하는 상재 세균과도 싸웁니다. 그래서 마음의 안정, 즉 자율 신경의 안정이 면역 세포의 밸런스와 신체의 조화를 유지하는 데 중요한 것입니다.

천연두 백신을 발견한 제너

획득 면역에 관하여 이야기하기 전에, 제1장(19페이지)에서 소개한 제너에 대하여 다시 한번 설명하겠습니다. 영국의 의사 에드워드 제너는 산업혁명이 진행 중이던 1749년에 영국에서 태어났으며, 면역 방어 분야에 공헌한 인물입니다.

당시에는 천연두가 사람들을 괴롭히고 있었는데, 1798년에 제너는 예방법을 기술한 「우두의 원인과 효과 조사」라는 인체 실험에 관한 보고서를 제출하였습니다.

이전부터 소에게도 우두라는 사람의 천연두와 대단히 흡사한 질병이 있어 젖을 짜는 사람에게 우두가 감염되어 손과 발에 수두가 생기는 일이 발생하고는 하였습니다.

그의 고향에서는 예부터 "이 병에 한 번 걸리면, 웬만해서는 두 번은 걸리지 않는다"라는 말이 전해 내려왔기 때문에 제너는 이를 확인하기 위하여 인체 실험을 하였습니다.

먼저 우두에 걸린 부인의 손에 난 수포에서 액체를 채집한 후 이를 8살짜리 소년의 팔에 접종시켜 증상이 경미한 우두를 발증시켰습니다.

그리고 두 달 후에 사람의 천연두를 소년에게 접종시켰더니 실험은 보란 듯이 성공하여 소년은 천연두에 걸리지 않았습니다. 이것이 인류 최초의 백신 발견입니다.

제너가 종두법을 개발하는 공적을 세웠지만, 당시 일반 시민들은 이 방법에 격렬하게 반대하였습니다. 이로부터 약 200년 후인 1980년에야 인류는 기원전부터 고통받아온 천연두를 근절하는 데 성공하였습니다.

전술한 메리 워틀리 몬터규의 공적도 잊어서는 안 됩니다. 이러한 선인의 공적 덕분에 백신을 접종하여 항체를 생산하는 획득 면역을 가질 수 있게 된 것이고, 이 획득 면역으로 감염증을 예방할 수 있는 길이 열린 것입니다.

'획득 면역'은 연계 플레이로 이물질의 침입에 대응

그럼 다시 본론으로 돌아가겠습니다. **그림16**을 보면 알 수 있듯이 획득 면역을 담당하는 세포군은 연계 플레이를 하여 세균이나 바이러스와 같은 이물질의 침입에 대응합니다.

수상 세포(항원이 침입하면 사령관과 같은 역할을 한다)와 대식 세포가 이물질을 잡아서 탐식하고, 그 이물질을 인식하는 물질(항원)을 제시하여 헬퍼 T 세포에게 정보를 전달합니다.

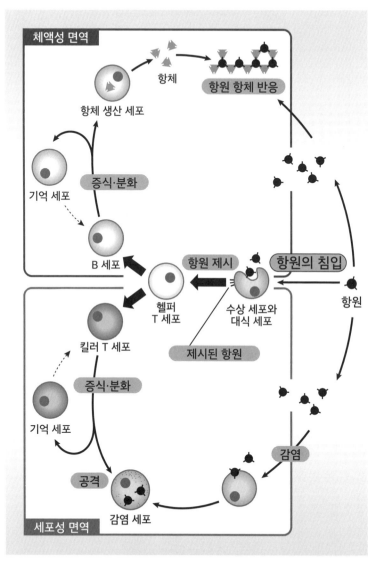

그림16 획득 면역의 구조

헬퍼 T 세포는 항원을 인식하는 항체를 만들라고 B 세포에게 지시합니다. 그리고 B 세포는 지시를 따르기 위하여 항체를 만들어 냅니다.

연계 플레이로 만들어진 항체는 이물질을 정확하게 공격하는 능력을 가집니다. 이것이 '획득 면역'이 됩니다. 획득 면역에는 체액성 면역과 세포성 면역이 있습니다. 획득 면역은 무척 강력하지만, 만들어지기까지 며칠 이상이 걸린다는 약점이 있습니다.

이 약점을 보완하는 것이 전술한 '자연 면역'입니다. 또한 킬러 T 세포는 병원체에 감염된 세포를 죽이는 역할을 합니다. 감염 세포가 더이상 바이러스 등의 병원체를 복제할 수 없게 되어 감염 확대가 억제됩니다.

또한 항체는 면역 글로불린immunoglobulin:Ig이라는 Y자형 단백질로 되어 있습니다. 면역 글로불린에는 가변부라고 불리는 항체별로 구조가 다른 부위가 있어서 이 부분으로 항체와 특이적으로 결합합니다.

무수하게 많은 이물질에 대응하기 위하여 가변부의 구조는 다양합니다. 교토대학교 명예박사 도네가와 스스무利根川進는 이러한 항체의 다양성이 생겨나는 구조를 분자 레벨에서 밝혀내 1987년에 노벨 생리학 의학상을 수상하였습니다.

병원체를 공격하는 항체 'γ-글로불린'

이번에는 면역 글로불린에 대하여 살펴보겠습니다. 면역 글로불린은 척추동물의 혈청과 체액 속에 있으며, 항체로서의 기능과 구조를 가진 단백질의 총칭입니다. 세균이나 바이러스 등의 특정 항원을 특이적으로 인식 및 결합하고, 그 파괴를 돕는 면역 응답에 있어서 중요한 역할을 합니다.

혈청 γ-글로불린의 대부분이 이것으로, H사슬(중쇄) 두 가닥과 L사슬(경쇄) 두 가닥으로 이루어진 공통 기본 구조를 가집니다. H사슬의 종류에 따라서 IgG, IgA, IgM, IgD, IgE의 다섯 가지 클래스로 분류됩니다.

면역 글로불린 수치가 비정상적으로 낮은 상태는 유소년기부터 타협 숙주(세균 등에 감염되기 쉬운 것) 상태를 반복하는 선천적인 면역 글로불린 생산 부전에 의하여 나타나기도 하고, 타 질환에 걸린 후에 연달아 발생하기도 합니다. 또 약제와 방사선 조사는 후천적으로 면역 글로불린 생산에 장애를 발생시키는 것으로 알려져 있습니다.

이 면역 글로불린의 양을 측정하는 데는 일반적으로 전기영동법이 사용되는데, **그림17**을 참고해가며 이 방법에 대하여 설명하겠습니다.

혈액 성분에서 세포 등의 고형 성분을 제거한 것이 혈청입니다. 이 혈청을 시료로 하여 전기영동을 하면 이동하는 정도의 차이에 따라서 다섯 분획으로 나뉘어집니다.

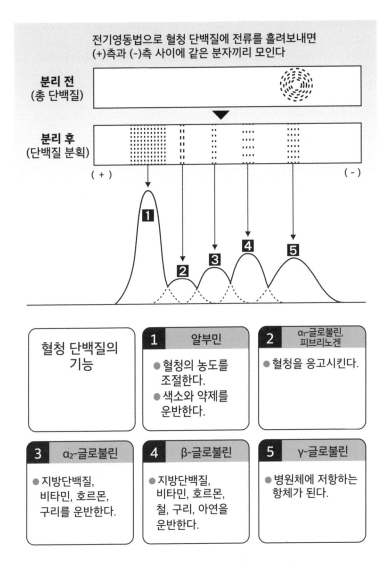

전기영동법으로 혈청 단백질에 전류를 흘려보내면
(+)측과 (-)측 사이에 같은 분자끼리 모인다

분리 전
(총 단백질)

분리 후
(단백질 분획)

(+)　　　　　　　　　　　　　　　　　　(-)

1　**2**　**3**　**4**　**5**

혈청 단백질의 기능	**1** 알부민	**2** α₁-글로불린, 피브리노겐
	● 혈청의 농도를 조절한다. ● 색소와 약제를 운반한다.	● 혈청을 응고시킨다.

3 α₂-글로불린	**4** β-글로불린	**5** γ-글로불린
● 지방단백질, 비타민, 호르몬, 구리를 운반한다.	● 지방단백질, 비타민, 호르몬, 철, 구리, 아연을 운반한다.	● 병원체에 저항하는 항체가 된다.

그림17 혈청 단백질의 종류(분획)와 그 기능

양극 쪽에서부터 순서대로 알부민, α_1-글로불린, α_2-글로불린, β-글로불린, 그리고 γ-글로불린으로 나뉩니다. 병원체를 공격하는 항체는 가장 이동 속도가 느리기 때문에 가까이에 분획됩니다. 그리고 정점에 도달한 면적을 측정함으로써 γ-글로불린의 양을 알 수 있습니다.

또 이 다섯 분획을 얻을 수 있는 전기영동법으로 약 200가지 질병을 진단할 수 있기 때문에 임상적(진료·치료)으로도 응용되고 있습니다.

미생물로 가득한 환경에서도 살 수 있는 것은 항체 덕분

화제가 바뀌는데, 세균과 기생충 등의 요인을 제어하기 위하여 무균 아이솔레이터(폐쇄 환경에서 세포 배양이나 의약품 제조 등을 무균 상태로 행하기 위한 작업 시스템-역주)에서 사육한 무균 실험용 쥐 등의 무균 동물은, 포유류의 경우에는 임신 말기의 어미 짐승을 제왕 절개함으로써 만들어냅니다. 자궁 속은 일반적으로 무균 상태이기 때문입니다.

사람의 경우에는 탄생과 동시에 미생물이 가득한 세계에 내던져지는 셈인데, 어머니한테서 전달받는 이행 항체가 있기 때문에 미생물군의 침입을 막을 수 있습니다. 단, 이행 항체에는 기한 한정이라서 일 년 후에는 자력으로 항체를 만들어내야 합니다.

참고로 무균 동물은 맹장의 용적이 크고, 수명이 긴 특징 등이 있습니다. 미생물이 있는 장벽腸壁의 경우에는 지상돌기가 길게 뻗어 있어 표면적이 크고, 미생물이 없는 장벽의 경우에는 표면적이 작습니다.

그래서 무균 쥐는 일반 쥐에 비하여 동일한 에너지를 얻기 위하여 음식물을 30% 더 많이 섭취하여야 합니다. 이와 같은 무균 동물을 아이솔레이터에서 밖으로 꺼내면 어떻게 될까요? 바깥 환경 속에 있는 각종 미생물의 침입을 받아 생존할 수 없게 됩니다.

여기에서 말하고 싶은 것은 우리는 미생물로 가득한 환경 속에서도 건강하게 잘 산다는 것입니다. 이는 면역성이라는 뛰어난 생체 방어 기구를 가지고 있기 때문입니다.

면역 세포의 종류와 그 작용을 **표6**으로 정리하였습니다. 앞서 자연 면역과 획득 면역에 대하여 설명하였으므로 복습하는 데 활용해주길 바랍니다.

여담인데, 어느 날 근처에 사는 초등학교 3학년과 1학년 형제가 집 주위에서 놀고 있었습니다. 무슨 놀이 중이냐고 물었더니 세포 놀이라고 대답하였습니다. 얘는 대식 세포 역할이고 쟤는 호중구 역할이고, 코로나 바이러스를 물리치는 중이라고 했습니다.

놀이 중인 아이들에게 세포에 대하여 묻자, 실로 잘 알고 있었고, 명칭뿐 아니라 역할까지 정확하게 암기하고 있었습니다. 아이들은 만화책『일하는 세포はたらく細胞』(시미즈 아카네[清水茜] 저/고단샤[講談社] 출판)에서 해당 지식을 얻었다고 하였습니다.

이 만화는 차례로 등장하여 세계(몸)를 위협하는 '폐렴구균', '삼나

표6 면역 세포의 종류와 특징

명칭1	명칭2	참고 기준치(%)	특징
단구	대식 세포 (성숙)	3-9	체내 청소(탐식하여 소화), 항체 제시.
비만 세포		—	결합 조직, 점막, 감염 방어, 알레르기에 관여.
수상 세포		—	피부, 코, 폐, 위, 장에 존재. T 세포에 항원 제시.
과립구		54-65	
	호중구	40-60	세균과 바이러스로부터 살아 있는 몸을 지키는 역할. 감염증, 염증 등에 의하여 증가.
	호염기구& 호산구	0-1&1-5	호중구와 흡사. 알레르기와 관련. 천식, 기생충병, 두드러기 등에 의하여 증가.
림프구		35-41	이물(異物)로부터 살아 있는 몸을 지키는 역할. 세균, 바이러스 감염증에 의하여 증가.
	NK 세포	—	종양 세포, 바이러스 감염 세포를 공격 및 파괴.
	T 세포 (헬퍼 T 세포)	—	자연 면역과 획득 면역을 조절.
	T 세포 (킬러 T 세포)	—	침입물을 공격, 항원 제시 세포.
	B 세포	—	항체(면역 글로불린)는 침입한 병원체를 방해하여 중화.

무 꽃가루 알레르기', '인플루엔자', '찰과상' 등과 백혈구, 적혈구, 혈소판, B 세포, T 세포 등이 각각 어떤 역할을 하며 몸 안에서 어떠한 공방을 펼치는지를 그린 '세포 의인화 만화'입니다.

아이들은 신종 코로나 바이러스를 그저 두려워하기만 하지 않고, 감염증을 올바르게 이해하고, 이에 씩씩하게 맞서 싸우려고 한다는 것을 깨달은 순간이었습니다.

획득 면역을 활성화시키는 '웃음'

다음으로 '웃음'의 효능에 대하여 살펴보겠습니다. 뇌과학자 모기 겐이치로는 저서 『웃는 뇌笑う脳』(아스키신서[アスキー新書], 2009)에서 다음과 같이 말하였습니다.

〈웃음에도 발생과 현상에 따라서 다양한 종류가 있다.

막 태어난 갓난아이가 잘 때 짓는 감정을 동반하지 않는 본능적인 미소부터 배불리 잘 먹어서 만족스러울 때 나오는 미소. 호의를 가지고 있는 사람과 눈이 마주쳤을 때 가슴에서 솟아올라오는 미소, 그리고 웃는 사람과 눈이 마주쳤을 때 예의상으로 짓는 사회적 행위로서의 웃음. 기쁜 감정의 방출로서의 웃음, 그리고 교묘하게 계획된 예능이나 이야기에서 재미를 발견하는 고도로 지적인 웃음…….〉

〈웃음은…… 생명을 밝게 활성화시키는 방향으로 나아가

게 한다. (중략) 제대로 하지 못해서 경직되어 굳어 있던 것
이, 웃으면 움직이기 시작한다. 웃으면 생生의 타이밍을 얻
을 수 있다.〉

〈웃음은 우리가 아무렇지 않게 일상적으로 하는 행위지
만, 사실 여전히 깊은 수수께끼에 싸여 있다. 쉽사리 해명되
지 않는 점만 보더라도, 웃음이라는 테마는 인간 뇌의 복잡
함과 심오함, 나아가 중대한 명제를 제시하고 있다고 할 수
있지 않을까?〉

또 〈감염에 대한 육체의 방위에서는 체액성 면역과 림프구가 직
접 항체를 공격하는 세포성 면역의 두 가지 면역 기능이 큰 역할
을 담당하는데, 이들 기능 자체가 정신 상태의 영향을 받는다〉라고
『웃음의 치유력Anatomy of an illness as perceived by the patient』(노먼 커즌스
[Norman Cousins] 저)에서 미국의 미생물학자 르네 듀보Rene Jules Du-
bos가 말하였습니다.

그 실례로 투베르쿨린 반응을 예로 들었습니다. 저명한 영국의
면역학자가 환자에게 최면을 걸면 양성 반응이 사라진다는 확실한
증거를 제시한 실험입니다.

이 반응은 획득 면역 반응에 의한 것이므로, 환자의 정신 상태가
면역 반응을 포함하는 일체의 병리적 작용의 진행에 영향을 끼친
다고 믿어도 된다고 말하는 것입니다. 정신 상태에 포함되는 작용
중의 하나가 웃음인데, 웃음의 유효성이 인정된 것입니다[9].

암을 예로 들면, 웃음에 의하여 뇌가 자극되면 면역 기능을 활성화하는 호르몬의 분비가 촉진되어, 소위 '자연 살해 세포'라는 별명을 가진 NK 세포가 활성화된다고 보고되고 있습니다(82페이지의 표 6 참조).

NK 세포는 체내를 순찰하여 암세포를 발견하고 죽이는 역할을 합니다. 즉, '웃음'이 '암 발병률을 저하'시켜준다고 하겠습니다.

마찬가지로 주위 사람들을 웃게 만드는 '격려'와 난관에 부딪히더라도 '웃음을 잃지 않으며 긍정적으로 살려는 삶의 태도'에도 면역력을 높여주는 효과가 있습니다.

제 4 장
기도와 격려가 감염증을 예방

항생 물질에 내성을 갖게 된 미생물

감염증의 원인이 되는 미생물에 변화가 생기고 있습니다. 천연두 백신은 천연두 바이러스를 지구상에서 소멸시키는 커다란 성과를 올렸습니다.

동일한 계획이 폴리오 바이러스에도 진행 중입니다. 천연두와 폴리오는 두 가지 모두 바이러스이고, 살아 있는 세포에만 감염되어 생존할 수 있습니다. 스스로 영양분을 섭취하거나 스스로 대사 작용을 하여 살 수 없는 미생물입니다.

하물며 다행히도 이 두 가지 감염증의 표적은 인간 세포뿐입니다. 즉, 모든 사람이 백신 접종을 받아 이들 바이러스에 비감수성이 되면, 이론적으로는 지구상에서 근절할 수 있는 미생물입니다.

하지만 미생물을 죽이지 않고 백신처럼 배제하기만 하더라도 이에 저항하는 미생물은 모습을 드러냈다가 감추었다가 합니다. 바이러스와 같은 미생물도 착실하게 변이를 반복하여 백신의 방어력을 뚫는 사례가 있기 때문입니다.

예를 들어 인플루엔자 바이러스를 생각해봅시다. 잘 알려져 있는 바와 같이 인플루엔자용 백신을 개발하더라도 계속 바이러스가 변이를 반복하여 백신을 무효화시킵니다.

백신도, 하물며 항균약도 병원 미생물에 의하여 발생하는 질병의 예방과 치료에는 충분하지 않다면 인류는 앞으로 병원 미생물에 어떻게 대처하여야 할까요?

인류는 다행히 오늘날까지 터무니없을 만큼 강력한 병원 미생물과는 조우한 적이 없습니다. 이는 정말이지 우연한 행운이라고밖에는 말할 길이 없습니다. 페스트와 천연두는 분명히 인류의 존망을 좌우할 만큼 대유행하였지만, 인류는 어떻게든 목숨을 부지하였습니다.

인류와 '미크로 생물'의 역사를 살펴보면 어떤 시기에는 미크로 군대가 우세하고 또 어떤 시기에는 인류가 우세한 상황이 반복되었습니다.

지혜를 가진 인간이 압도적으로 승리를 향하여 달려왔다고는 말할 수 없습니다.

오히려 미크로 군단에게 역습당하여 인간은 이에 대응하느라 온갖 수난을 겪고 있는 것이 현 상황입니다.

인간은 병원균과 전투 시에 인간을 도와주는 강력한 조력자, 항생 물질을 손에 넣었습니다. 그야말로 이것은 '마법의 탄환'이라고 부를 법한 '마법의 탄약'이고, 의사가 사용하는 약 중에서 가장 날카롭고 예리한 검입니다.

그리고 새로운 항생 물질을 차례로 개발하여 임상 시험에 투입함으로써 죽음을 기다릴 수밖에 없던 많은 감염증 환자를 구해냈습니다. 이것은 틀림없는 사실입니다.

하지만 현재는 많은 내성균이 등장하고 있습니다. 화농성 질환의 원인균으로 알려진 황색 포도 구균을 예로 들어보겠습니다.

다량의 항균약 사용으로 내성균 출현

황색 포도 구균은 폐렴과 패혈증 등을 일으켜 사람들을 옛날부터 괴롭혀 왔는데, 페니실린이 특효약으로 작용하였습니다. 이에 제2차 세계대전 후에 페니실린을 손에 넣은 인류는 황색 포도 구균에 의한 감염증에서 승리를 거두었다고 착각하였습니다.

그런데 사람들이 손에 넣은 화학 치료제에 내성이 생긴 다제내성균이 차례로 등장하고 있습니다. 또 설상가상으로 내성균 획득 구조가 미생물 간에 교환되는 것으로 밝혀졌습니다.

다량의 항균제 사용이 내성균의 등장을 초래한 것입니다. 항생 물질인 메티실린 내성 황색 포도 구균의 출현은 인류에게 경고를 보내고 있는 것만 같습니다.

한편, 바이러스는 세균과 비교하면 크기도 약 10분의 1 정도이고, 구조도 단순합니다. 특히 신종 코로나 바이러스와 같은 RNA 바이러스는 변이가 잘 일어납니다.

2002년에 SARS 코로나 바이러스가 출현한 후로 20년도 지나지 않은 것을 생각하면, 앞으로 신종 바이러스가 출현할 가능성을 부정할 수 없습니다. 또 삼림 채벌 등에 의한 자연 파괴, 경제 활동을 우선하는 것으로 인한 지구 온난화 등은 잠들어 있던 어린아이를 깨우는 것과 같은 행위입니다.

그렇다면 인류는 병원체의 공격에 어떻게 대항하여야 할까요[10]?

병원체를 죽이지 않고 '공생'하려는 발상

전술한 바와 같이 세균과 바이러스는 우리 인류보다 지구상에서 살기 시작한 지 오래되었고, 500가지 이상의 화학 치료제가 개발되어 오늘날까지 지속적으로 실용화되었지만, 약이 듣지 않는 '슈퍼 내성균(다제내성균)'이 차례로 등장하고 있는 것이 현 상황입니다.

환경적응력이 뛰어난 세균과 바이러스는 인류가 특효약으로 개발한 약제에 대한 내성을 실로 간단하게 획득합니다. 상황이 이러한 만큼 병원균과 바이러스에 대한 '새로운 발상'이 요구됩니다.

주목을 모으고 있는 것은 병원체를 죽이지 않고 '공생'하려는 발상입니다.

인간은 피부를 비롯하여 장기와 기도, 구강 등에 무수한 미생물을 가지고 있습니다. 또 우리의 몸을 구성하는 세포에는 세균의 흔적으로 여겨지는 **그림5**(32페이지)의 미토콘드리아가 들어 있습니다. 즉, 공생하고 있는 것입니다.

이러한 정황을 고려하여 보았을 때 인간은 어쩌면 병원 미생물과 공생이 가능할지도 모릅니다.

그렇다면 '병원 세균'과 우리 몸에 있는 '상재 세균'에는 어떤 차이가 있을까요? 바로 병원 인자(독소)를 가지고 있는가 없는가의 차이입니다. 병원균이더라도 병원 인자를 제거하면 인체에 나쁜 영향을 끼치지 않는 상재 세균과 같아집니다.

그럼 구체적으로 어떻게 하여야 할까요? 아직 '공존'과 '공생'에 관한 학문은 미숙한 상태라 충분히 설명할 수 없지만, 방향성을 제시할 수는 있습니다.

예를 들어 병원 세균을 죽이는 항균약이 아니라 균이 병원 인자를 만들지 않게 하는 약을 고안해낸다면 어떨까요? 일례로 최근 암 치료의 진보에서 힌트를 발견할 수 있습니다.

인류의 적인 암의 정복은 그야말로 의학계의 꿈입니다. 여태까지 막대한 투자가 이루어졌고, 수많은 연구자가 암세포를 적으로 보고 암세포를 죽이기 위하여 각종 항암제를 개발하였습니다. 하지만 대부분의 경우에 '암세포를 죽였지만 그 전에 환자가 죽었다'는 결과를 낳았습니다.

그 후 암은 유전자(발암 유전자나 발암 억제 유전자) 변이로 생긴다는 것을 알아냈고, 최근에는 정상 유전자를 암세포에 주입하여 암세포를 정상화하는 '유전자 치료'가 주목을 모으고 있습니다.

암세포에게 평화롭게 수용되려는 발상에 기초하여 암세포와의 공생을 도모한 것입니다.

병원 세균과 비병원 세균의 핵심적인 차이는 병원 인자를 만드는가 그렇지 않은가(즉, 병원 유전자를 가지고 있는가 그렇지 않은가)이므로 암 제어와 유사한 접근법도 생각해볼 만합니다.

병원 세균은 여러 개의 병원 유전자를 가지고 있어서 실로 정교하게 낭비 없이 조절된 병원 인자를 상황에 따라 생산하여 감염증을 발병시키는데, 다행히 여러 개의 이들 병원 인자는 한 가지 종류의 '조절 유전자'에 의하여 조절되는 경우가 많습니다.

'공생'이야말로 시대의 키워드

이번에 소개할 내용은 과학 전문지『사이언스Science』에 발표된 보고입니다. 황색 포도 구균을 예로 들겠습니다. 황색 포도 구균은 RAPRNAIII Activating Protein에 의하여 병원 인자의 생산이 조절됩니다. 이 RAP의 일부분인 RIP라는 펩타이드로 본래의 RAP의 작용을 저해하는 데 성공하였다고 합니다. 즉, RIP 펩타이드를 이용하여 황색 포도 구균 감염증을 컨트롤할 수 있었던 셈입니다. 아직 동물 실험 단계이지만, 기대할 만한 감염증 제어법 중의 하나입니다.

세균을 죽이지 않고 얌전하게 만드는(비병원화) 방법이며, 공존을 도모한 하나의 접근법이라고 하겠습니다[10].

또 일본세균학회에서「세균 독소에 결합하는 중화 펩타이드의 디자인과 그 효과」라는 세미나를 개최한 적이 있습니다.

나도「식중독 기인균을 생산하는 용혈 독소의 중화」라는 주제로 발표하였습니다. 발표 내용은 우리가 일상생활에서 흔히 접하는 카테킨을 이용한 독소 중화법인데, 연쇄구균, 포도 구균, 리스테리아균, 콜레라균을 생산하는 독소를 중화하는 데 성공하였습니다. 모두 '공생' 가능성을 알아내기 위한 병원 인자 제거 연구입니다[5].

인류는 뱃속을 보더라도 대장균, 비피더스균, 장구균, 클로스트리듐균(혐기성균) 등의 1,000종류 100조 개의 상재 세균과 공존하고 있으며, 이들 세균이 없으면 생존할 수 없습니다.

장래에는 '공생'을 시대의 키워드로 보고 '사람과 병원균의 공생' 가능성을 추구하는 것이 인류의 과제가 되지 않을까요?

신종 코로나 바이러스의 경우에도 감염되더라도 폐렴을 일으키기 전에 서둘러 몸 밖으로 내보낼 수 있는 약제 개발이 요구됩니다. 이는 신종 코로나 바이러스의 결합 부위는 주로 폐포이므로, 보다 친화성 높은 조성을 가진 약제가 있으면 약제와 함께 배출되어서, 산소 공급 등의 가스 교환에 장애가 일어나지 않습니다.

구체화되기까지는 과제가 많이 남아 있지만, 유의미한 방향성 중의 하나라고 생각합니다.

'이타'와 '공생'의 철학이 감염증을 예방

인류 역사는 감염증과 싸운 역사입니다. 제1장에서도 언급하였지만, 역사적으로 보면 감염증이 발생하였을 때는 신기하게도 사람 간에 싸움(전쟁 등)이 벌어졌거나, 인심이 황폐해져 있었습니다. 여기에 감염증을 파악할 하나의 열쇠가 있습니다.

여기에서 한 번 더 가마쿠라 시대에 활약한 니치렌 대성인의『입정안국론』을 살펴보겠습니다.『입정안국론』의 결론인 〈그대는 자신의 평안과 태평을 바란다면, 먼저 세상의 평온을 기도하여야 하지 않겠는가〉야말로 감염증 대책의 요체가 되는 가르침입니다.

개인이든 국가든 정밀靜謐(평화)을 기도하여야 합니다. 하지만 모든 것에 앞서 '인간의 존엄'을 지키는 철학이 없다면 이러한 기도를 할 수 없을 것입니다.

또 '이타의 정신'과 '공조의 정신'은 깊이 있는 철학 없이는 유지되지 않습니다. 왜 타인을 공경하여야 하는가? 사람을 공경하는 것이 왜 중요한가? '생명 존엄의 철학'을 모르면 이러한 질문들도 표면적으로 이해하는 수준에 그치고 맙니다. 이타의 정신을 당연시하는 사회를 구축하는 것이야말로 살벌하며 사람들을 황폐화시키는 시대의 흐름을 저지함과 동시에 감염증을 근본적으로 예방할 길입니다.

DNA와 '묘의 삼의'

실은 세포에 든 유전자 해독과 관련하여 다음과 같은 이야기가 있습니다.

유전자 연구에서는 지금까지 '유용'(트레저 DNA)한 것은 단 2%뿐이고 나머지 98%는 아무런 역할도 하지 않는 '쓰레기'(정크 DNA)로 보았습니다.

그런데 급속한 기술의 진보로 미지의 영역이 해독된 결과, 쓰레기라고 불리던 부분 속에 '질병으로부터 몸을 보호하는 특수한 DNA'와 '우리의 개성과 체질을 결정하는 정보' 등이 있음이 차례로 밝혀지고 있습니다.

거기에 건강 장수를 현실화하거나, 누구나 잠재적인 능력을 발휘할 힌트가 새겨져 있는 것입니다.

니치렌 대성인은 『법화경제목초法華經題目抄』에서 남묘호렌게쿄 南無妙法蓮華經의 '묘妙'의 공력을 '개개開開의 의義', '구족·원만의 의義',

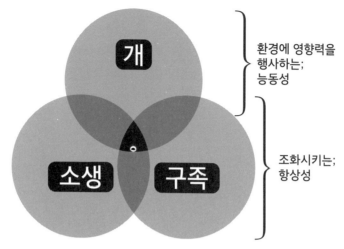

그림18 생명 활동을 뒷받침하는 창조력 : 묘

'소생의 의義'의 삼의로서 설하였습니다(그림18).

이 '묘의 삼의'에 현대 면역학 지식을 합치하면 다음과 같이 생각할 수 있을 듯합니다[11].

제1의 '개의 의'에 대하여 대성인께서는 〈묘라고 하는 것은 개라고 하는 것이다〉(어서 943페이지)라고 말씀하셨습니다. 이는 렌게쿄蓮華經야말로 온갖 경전의 창고를 열 열쇠임을 밝히신 것이고, 나아가 묘호妙法에는 인간을 비롯한 모든 생명이 가진 가능성을 열 힘이 있음을 드러낸 어문입니다.

생명에는 본질적으로 '개'라는 특성이 있습니다.

우리의 장기 내부에 사는 클로스트리듐균은 바이러스 등의 이물질로부터 몸을 보호하는 '면역 세포'의 기능을 조절하는 역할을 담당합니다.

그림19에서 보는 바와 같이 장내에 사는 혐기성균인 클로스트리듐균은 식이섬유를 먹고 낙산을 생산합니다. 이 낙산이 장관막을 통과하여 면역 세포를 분화시키는 공간(페이에르판)에 흡수되면, 주위의 면역 세포에 "다들 진정해!"라는 메시지를 전달하는 제어성 T 세포로 변화하는 것으로 밝혀졌습니다.

최근에 환자 수가 늘고 있는 알레르기 질환이나 궤양성 대장염 등의 난치병은 어떠한 이유로 제어성 T 세포가 감소하여 발생한다고 보고 있습니다.

우리의 체내에서는 세포끼리 또는 세포의 집합체인 장기끼리 여러 가지 메시지를 수시로 주고받습니다. 이는 클로스트리듐균 등의 장내 세균과 면역 세포와 같은 '이종 세포' 사이에서도 이루어집니다.

그 메시지에 따라서 필요한 합성과 변화를 하므로 우리 몸의 조화가 유지되는 것입니다. 반대로 병원 인자 등의 영향으로 조화가 깨지면 병에 걸립니다.

여기에서 중요한 것은 이러한 메시지를 주고받기 위하여 세포 하나하나의 막은 언제든지 메시지를 받아들일 수 있도록 다른 세포에 대하여 '언제나 열린 상태'를 유지한다는 것입니다.

소위 수신기와 같은 역할은 여러 면역 세포에도 있어서 체내를 순환하면서 수신한 메시지에 맞추어 필요한 합성과 변화를 합니다. 만약에 세포가 닫힌 상태여서 이와 같은 다이내믹한 메시지를 주고받지 못하면 우리의 생명은 만족스럽게 활동하지 못하게 됩니다.

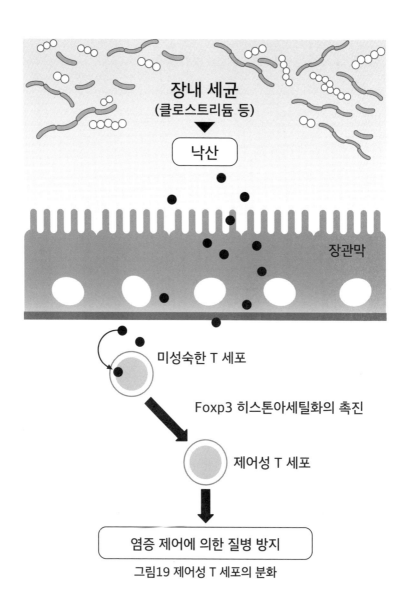

그림19 제어성 T 세포의 분화

이 '개'라는 본질은 세포핵에 있는 DNA의 경우에도 마찬가지입니다. 왜냐하면 세포 속으로 메시지 물질이 흡수되었을 때 필요에 따라서 '잠들어 있던 DNA'가 발현되기 때문입니다.

타인을 배려하게 하는 생명 존엄 사상

제2의 '구족·원만의 의'는 묘호妙法에 일체의 공덕이 빠짐없이 갖추어져 있음을 말합니다.

세포 레벨에서 생각하여 보자면, 전신의 세포 하나하나에 병을 치유할 힘을 비롯하여 온갖 가능성이 깃든 유전자 정보가 잠재적으로 갖추어져 있음을 말합니다.

제3의 '소생의 의'는 묘호에는 만인에게 살아갈 활력을 부여하여 생동감 넘치는 상태로 회복시킬 힘이 있음을 말합니다. 이는 하나하나의 세포 속에 있는 유전자의 작용에 의하여 세포의 대사가 시작됨을 뜻합니다.

그다음에는 DNA 스위치라는 유전자로 '잠들어 있는 DNA'의 스위치를 누를지 말지가 중요한데, 흥미로운 점은 각각의 분야에서 최첨단의 연구를 하고 있는 창가학회의 학술부원과 이야기를 나누다 보면 "기도와 격려는 유전자에 작용하는 힘을 가지고 있다"고 다들 지적한다는 점입니다.

기도와 격려는 생명력을 왕성하게 만든다―. 왕성해진 생명력은 물질인 세포의 DNA에도 작용하여, 유전자가 발현되고, 그리고 세포의 대사가 시작됩니다. 이것이 '소생'입니다.

'묘의 삼의'는 만인이 가진 생명의 무한한 가능성, 생명의 존엄을 상징합니다. 이러한 생명 존중 사상이 있을 때 우리는 타인을 마음속 깊은 곳에서부터 배려할 수 있습니다. 그리고 이것이 '이타의 정신'과 '공조의 정신'으로 이어지는 것입니다.

기도와 격려야말로 감염증을 이겨낼 비책

니치렌 대성인의 일문은 자연재해, 식량난, 그리고 역병 유행 등이 계속되는 상황을 어떻게 극복하였을까요?

대성인은 「센니치니부인답서千日尼御前御返事」에서 〈마음은 이 나라에 와 있습니다. 부처가 되는 길도 이와 같습니다. 우리는 예토(부정한 땅)에 있으나, 마음은 영산(영산정토)에 살고 있는 것입니다. 만난다고 뭐 특별한 것이 있겠습니까. 마음이 중요합니다.〉(어서 1316페이지)라고 말씀하셨습니다.

이 편지는 1278년 윤 10월 19일, 미노부身延에 계시던 니치렌 대성인께서 사도佐渡에 있는 문하생 센니치니 부인에게 보낸 편지입니다.

센니치니는 대성인이 사도로 유배되었을 때 남편 아부쓰보阿仏房와 함께 대성인을 목숨 걸고 지킨 순수한 여성 문하생입니다. 아부쓰보는 대성인이 미노부에 입산한 이후에도 여러 차례 공양물을 가지고 먼길을 마다치 않고 미노부까지 갔는데, 대성인은 그때마다 남편을 타향에 보내고 홀로 집을 지킬 센니치니를 위로하기 위하여 편지를 보냈습니다.

이케다 다이사쿠 선생님은 2020년 4월 20일자 『세이쿄신문』의 수필 「『인간혁명』 영광 있으리『人間革命』光あれ」에서 이 어문을 인용하시며 다음과 같이 말씀하셨습니다.

〈대성인은 만나지 못하는 문하생도 글자의 힘으로 그야말로 얼굴을 마주하고 대화할 때와 마찬가지로 격려하셨고, 마음을 나누셨다.

도다戸田城聖 선생님께서 강조하시며 말씀하셨다.

"대성인은 편지를 쓰고 쓰고 또 써서 한 명 한 명을 쉼 없이 격려하셨다. 그래서 어떤 인생과 사회의 시련에도 다들 지지 않을 수 있었던 것이다."〉

현대에는 교통수단 등이 발달하였기도 해서, 신종 코로나 바이러스는 종래의 감염증과 비교할 수 없을 정도로 빠르게 전파되었습니다.

하지만 한편으로는 인터넷이 보급되어 메일이나 SNS 등으로 눈 깜짝할 사이에 격려 메시지를 보내거나 영상을 보며 이야기를 나눌 수 있는 시대가 되었습니다. 어디서든 거리의 벽을 넘어서 희망을 보낼 수 있는 시대가 된 것입니다.

감염증과 싸워온 인류의 역사를 보았을 때 앞으로도 신종 바이러스는 인류를 위협할 것으로 예상됩니다. 그렇기 때문에 격려로 '이타'와 '공조'의 마음을 퍼트리고, 기도로 자신의 생명력을 강하게 만드는 신앙이 사회의 희망의 빛이 되어야 한다고 굳게 믿습니다.

감염증의 확대에 불법은 언제나 '응전'

감염증의 확대라는 '도전'에 불법은 언제나 '응전'하였습니다.

불교는 6세기 후반에 일본에 전파되었는데, 737년에 후지와라우지藤原氏의 네 아들도 목숨을 잃은 천연두의 유행을 계기로, 불교의 가르침으로 국토의 평안을 꾀하려는 움직임이 강해졌습니다. 전국에 호국 사찰 건립과 대형 불상 조성 계획이 추진되었고, 나라 도다이지東大寺의 대불도 이 시기인 752년에 완성되었습니다.

제1장에서 언급한 바와 같이 각종 감염증이 유행한 가마쿠라 시대에는 새로운 불교가 흥성하였는데, 그중에서도 니치렌 대성인은 『입정안국론』을 보면 알 수 있는 것처럼 만인의 고통을 근본적으로 해결할 방도를 주창하였습니다.

또 20세기 초반 스페인독감(인플루엔자)이 유행(1918년)한 후에 창립(1930년 11월)된 창가학회에는 큰 사명이 있다고 생각합니다.

그리고 21세기 초반부터 SARS와 MERS가 대유행하였고, 이번 신종 코로나 바이러스 감염증 팬데믹이 일어났습니다. 이 도전에 SGI(창가학회 인터내셔널)의 192개 국가 및 지역 연대는 인류의 지혜를 결집하여 새로운 가치를 창조할 응전을 시작하였습니다.

니치렌 대성인께서는 『대악대선어서大悪大善御書』에서 〈큰일이 벌어지기 전에 작은 상서로운 조짐은 나타나지 않는다. 대악이 벌어지면 대선이 찾아온다.〉(어서 1300페이지)라고 말씀하셨습니다. 신종 코로나 바이러스 팬데믹을 이겨내면 인류의 미래가 활짝 열릴 거라는 확신을 가지고 살아가길 바랍니다.

또 이케다 선생님께서는 다음과 같이 말씀하셨습니다.

> 〈'기도'――그것은 우리 생명의 기어를 대우주의 회전에 맞물리게 하는 도전이다. 우주에 감싸여 있던 자신이 우주를 감싸 안아, 전 우주를 내 편으로 만듦으로써, 행복을 향하여 행복을 향하여 회전하기 시작하는 역전 드라마이다.
>
> 인간은 인간――그 인간의 가능성의 문을 차례로 열어나가는 '열쇠'가 기도이다.〉(지구기행[地球紀行] 「나의 고향은 세계[我がふるさとは世界]」 제26회 스코틀랜드)

WHO 헌장에서도 "건강이란 병에 걸리지 않은 상태나 몸이 약해지지 않은 상태가 아니라, 육체적으로도 정신적으로도 그리고 사회적으로도 모든 것이 충만한 상태를 말한다"고 정의하고 있으며, 달성 가능한 최고 수준의 건강을 향유하는 것이 모든 인간의 기본적인 권리 중의 하나라고 말합니다.

이 관계를 **그림20**으로 도식화하였습니다. 사회 전체를 하나로 파악한 조화 상태입니다. 여기에는 생명의 다이너미즘에 기초한

사회적

생명의 다이너미즘에
기초하는 항상성
(호메오스타시스)

육체적

정신적

그림20 건강과 조화(WHO 헌장)

근본법의 존재가 반드시 필요합니다.

생명이 탄생한 태고적과 마찬가지로 우리의 몸은 혐기성균과 미토콘드리아를 가지고 있고 50조 개의 세포군으로 이루어져 있습니다.

또 그 10배에 달하는 세균과 공존하고도 있습니다. 그야말로 소우주입니다. '우주즉아宇宙卽我', 이 소우주와 전 우주를 꿰뚫는 근본법이야말로 『입정안국론』에서 "조속히 귀의하라"고 외친 "실승實乘의 일선一善"(남묘호렌게쿄)입니다. 이들 관계를 **그림21**로 정리하였습니다.

그림21 우주·지구·생물(미생물)·사람을 꿰뚫는 근본법

생명의 활성화로 사람의 사명은 한없이 커진다

나의 일생의 과업이 된 연쇄구균을 생산하는 스트렙토리신O(용혈 독소)는 분자량 64000인 단백질 독소입니다. 제2장에서 언급한 다람쥐 감염증으로, 출혈성 폐렴을 일으켜 다람쥐를 죽음에 이르게 한 병원 인자·용혈 독소를 말합니다[3, 4].

그림22는 전자 현미경으로 관찰한 성상(성질과 상태)이 다른 두 종류의 독소를 각각 사진A와 사진B에 담은 것인데, 두 가지 독소 모두 적혈구막에 원형의 구멍을 뚫어 적혈구를 파괴합니다(사진 속의 화살표는 무시할 것. 1㎚[나노미터]는 1㎛[마이크로미터]의 1000분의 1).

그림23의 적혈구 크기는 직경 8.5마이크로미터이며, 산소를 운

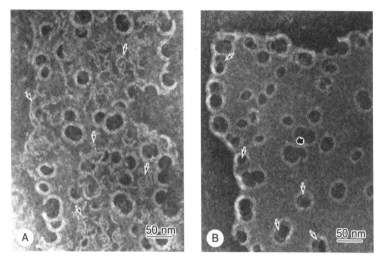

그림22 스트렙토리신O에 의하여 적혈구막에 생긴 구멍

반하는 중요한 기능을 합니다. 사람은 호기성 조건 하에서 대사를
하기 때문에 적혈구가 없으면 살 수 없습니다.

적혈구에 구멍을 뚫는 이러한 독소는 산소가 있는 환경에서는 활
동을 전혀 하지 않는데, 아미노산의 일종인 시스테인이 있으면 잠
에서 깨어난 것처럼 갑자기 활동하기 시작합니다.

이들 독소는 티올 활성화 독소(SH기 활성화 독소)이며, 시스테인 첨
가에 의한 독소 활성화는 액티베이션이라고 부릅니다. 티올 활성
화 독소는 시스테인에 의하여 잠들어 있던 힘이 깨어난 것인데, 이
현상은 우리에게도 마찬가지로 적용될 듯합니다.

구제 오사카고등학교의 기숙사 노래인 〈아아, 여명이 다가오고
있다〉에 "잠든 영혼을 깨우기 위하여"라는 구절이 있는데, 나에게

그림23 핵 없는 세포, 적혈구

도 이와 같은 경험이 있습니다.

젊었을 때 인생의 스승이신 이케다 선생님과 만난 것입니다. 영혼이 뒤흔들렸고, 격려받았을 때의 감동이 너무나도 커 인생이 송두리째 바뀌었습니다.

이러한 생명의 활성화에 의하여 사람의 사명은 한없이 커진다는 것을 배웠습니다. 그 후로도 수없이 격려받은 덕분에 오늘까지 걸어올 수 있었습니다. 감사하는 그 마음을 다할 길이 없습니다.

지속적인 '격려'에서 피어나는 '희망'이 만인의 생명에 내재하는 무한한 가능성을 이끌어내고, 이 힘이 인류를 위협하는 감염증을 극복할 원동력이 되는 것 아닐까요? 기도와 격려의 세계를 널리 확장해나가는 것이 우리의 사명이라고 생각합니다.

맺음말

2020년 5월 25일, 한 달 반 동안 이어진 '긴급 사태 선언'이 해제되면서 '커다란 매듭'을 맞이하였고 '새로운 스테이지'로 출발하였습니다. 이는 신종 코로나 바이러스의 감염을 방지하면서 경제 활동과 일상생활을 회복하려는 '새로운 생활 양식'의 시작을 뜻합니다.

'새로운 생활 양식'이란 전대미문의 감염증을 극복하기 위하여 개인과 사회 모두 감염 방어라는 관점에서 지혜를 짜내고 사회 활동을 실천하는 것입니다.

여기에서 잊어서는 안 되는 것은 새로운 생활을 해나감에 있어서 기본이 되는 사고방식, 즉 철학입니다. 그 철학은 격려하는 희망의 철학이고, 공생의 철학이며, 또 동시에 우리의 세포 하나하나, 한 사람 한 사람의 생명, 그리고 사회 전체를 소생시키는 근본법에 기초한 사상 및 철학입니다.

이 책은 단순히 감염증에 관한 지식을 제공하기보다 예전부터 존재해온 과학의 관점에 새롭게 불법의 관점을 더한 사고방식을 알리기 위하여 집필한 책입니다. 말주변이 부족한 면이 있었다면 아무쪼록 양해해주길 바랍니다.

'머리말'에서 아인슈타인이 남긴 "종교 없는 과학은 불구이고, 과학 없는 종교는 장님이다"는 명언을 소개하였는데, 그가 일본을 방문하였을 때 개최된 강연회에 마키구치 쓰네사부로牧口常三朗(창가학회의 초대 회장) 선생님과 도다 조세이(2대 회장) 선생님도 참석하셨다고 합니다.

일본뿐 아니라 전 세계 192개 국가 및 지역으로 퍼져나간 창가학회의 기초를 마련한 마키구치 선생님과 도다 선생님도 과학을 탐구하는 자세를 중시하셨다고 생각하니, '불법'과 '과학'의 관점에서, 지금, 인류가 직면한 '감염증'을 치료할 처방전을 이와 같이 탐구하는 기회를 갖은 것이 무척 감개무량하게 느껴집니다.

전대미문의 위기를 맞이한 지금, 희망 가득한 인류의 미래를 맞이하기 위해서는 이 두 가지 관점을 모두 가져야 한다는 것이 독자 여러분에게 전달되었다면 더할 나위 없이 기쁘겠습니다.

이 책을 출판함에 있어서 무척 의미 있는 조언들을 해주신 도카이대학교 의학부의 사토 다케히토 준교수님, 그리고 끝까지 힘써준 우시오출판사 WEB편집부의 하바 다케시 편집장님에게 깊이 감사드립니다.

2020년 5월 30일

스즈키 준

인용 문헌

[1] 이쿠다 사토시生田哲, 『감염증과 면역의 구조──홍역·결핵부터 신종 인플루엔자까지感染症と免疫のしくみ──はしか·結核から新型インフルエンザまで』(일본실업출판사日本実業出版社, 2007년)

[2] 스즈키 준鈴木潤 외, 「대만 다람쥐의 용혈 연쇄구균 감염증을 야기한 C군 연쇄구균이 생산하는 용혈 독소에 관하여台湾リスの溶血レンサ球菌感染症を惹起したC群レンサ球菌の産生する溶血毒素について」(『감염증학 잡지感染症学雑誌』 69권 제3호, 1995년)

[3] 스즈키 준鈴木潤, 「A, C 및 G군 연쇄구균이 생산하는 스트렙토리신의 리포솜막 장애 작용A, CおよびG群レンサ球菌の産生するストレプトリジンのリポソーム膜障害作用」(『생물물리화학生物物理化学』 41권 제6호, 1997년)

[4] Jun Suzuki. Characterization of acidic and neutral streptolysin O, J Electrophoresis 2009;53

[5] 스즈키 준鈴木潤 외, 『식의 안전 기초 지식食の安全 基礎知識』(ADTHREE, 2010년)

[6] 다무라 노리코田村典子, 『다람쥐의 생태학リスの生態学』(도쿄대학교출판회東京大学出版会, 2011년)

[7] 나카무라 아키라中村昭, 「중세 시대의 유행병『밋카야미』에 관한 검토中世の流行病『三日病』についての検討」(『일본의사학 잡지日本医史学雑誌』 33권 제3호, 1987년)

[8] 일본학사원일본과학사간행회日本学士院日本科学史刊行会 편찬, 『메이지 시대 이전의 일본 의학사明治前日本医学史』 제1권 가마쿠라 시대(일본학술진흥회日本学術振興会, 1955년)

[9] Norman Cousins, 『웃음의 치유력笑いと治癒力』(이와나미서점岩波書店, 2001년)

[10] 혼다 다케시本田武司, 『병원균은 사람보다 근면하고 똑똑하다──적대시가 아니라 공생 방법을病原菌はヒトより勤勉で賢い──敵視でなく、共生の方法を』(산고칸三五館, 2000년)

[11] Mikhail Sergeyevich Gorbachev·이케다 다이사쿠池田大作, 『20세기 정신의 교훈二十世紀の精神の教訓』 상·하(우시오출판사潮出版社, 1996년)

[12] 모기 겐이치로茂木健一郎, 『웃는 뇌笑う脳』(ASCII MEDIA WORKS, 2009년)

[13] 모리타 슈헤이森田修平·다카무라 다다시게高村忠成, 『생명의 불가사의를 생각하다生命の不可思議を考える』(다이산분메이샤第三文明社, 1994년)

[14] 스즈키 준鈴木潤, 「학술부에서 기고, 신종 바이러스의 확대를 생각하다 상·하学術部から寄稿 新型ウイルスの拡大に思う 上·下」(세이쿄신문聖教新聞, 2020년 3월 26일, 28일)

불법과 과학으로 보는 감염증

초판 1쇄 인쇄 2021년 2월 10일
초판 1쇄 발행 2021년 2월 15일

저자 : 스즈키 준
번역 : 김진희

펴낸이 : 이동섭
편집 : 이민규, 탁승규
디자인 : 조세연, 김현승, 황효주, 김형주, 김민지
영업 · 마케팅 : 송정환
e-BOOK : 홍인표, 유재학, 최정수, 서찬웅
관리 : 이윤미

㈜에이케이커뮤니케이션즈
등록 1996년 7월 9일(제302-1996-00026호)
주소 : 04002 서울 마포구 동교로 17안길 28, 2층
TEL : 02-702-7963~5 FAX : 02-702-7988
http://www.amusementkorea.co.kr

ISBN 979-11-274-4213-2 03470

仏法と科学からみた感染症
ⓒ鈴木 潤 SUZUKI JUN 2020
All Rights reserved.
First published in Japan in 2020 by USHIO PUBLISHING CO., LTD.
Korean version published by AK Communications, Inc.
Under license from USHIO PUBLISHING CO., LTD.

AK BOOKS 시리즈

해피로드 —희망의 빛 환희의 시—
이케다 다이사쿠 | 10,000원

일상생활의 주제들을 통해 오늘날 우리가 진정으로 지향해야 할 해피로드란 무엇인지
이야기한다. 깊은 설득력과 진솔한 진정성이 있는 아름다운 글귀, 시대를 꿰뚫어보는
철학과 선견지명이 깊은 공감대를 자아내게 한다.

『21세기를 여는 대화』를 읽고 해석하다
—이케다 다이사쿠 × 아놀드 J. 토인비—
사토 마사루 | 10,000원

이케다 다이사쿠 명예회장과 아놀드 J. 토인비의 대담집인 <21세기를 여는 대화>의 해
설집. 대담집에 담긴 미래를 내다보는 식견, 시대와 국가를 넘어선 날카로운 통찰이 우
리에게 무엇을 시사해주고, 우리가 어떤 마음가짐으로 이 시대를 나아가야 하는지 제시
해준다.

세계종교의 조건이란 무엇인가
사토 마사루 | 12,000원

프로테스탄트 신자인 저자는 세계종교의 조건으로 '종문과의 결별', '세계 전도', '여
당화'의 세 가지를 꼽으며, 창가학회는 그 조건들을 충족하고 있다고 말한다. 세계종
교로 나아가는 창가학회에 대한 깊은 이해를 바탕으로 격동의 시대를 살아갈 지혜를
풀어낸다.

전략 삼국지 전60권
요코야마 미츠테루 | 각권 5,500원

세상의 이치와 교훈들을 생생하게 담아낸, 삼국지의 매력을 가장 잘 그려낸 작품. '중국
사의 시오노 나나미'라 불리는 이나미 리츠코의 권말 삼국지 강좌도 빼놓을 수 없다.
